時給800円から年商10億円の
カリスマ所長になった28の言葉

不景氣拼志氣

小資4年晉升10億店長

JR新幹線集團，最會賣便當的熱血主婦店長
三浦由紀江◎著
殷婕芳◎譯

28個服務業必備的銷售祕技，
快樂工作，業績自動提升

前言

得知自己罹患癌症，是在ＮＨＫ的節目《專業工作風格》播出後兩個月的事。

在二〇一二年八月二十日播出的第一九〇集節目《專業工作風格——樂在其中，開創一片天：鐵路便當販賣．營業所長．三浦由紀江》，報導了我的故事。

有些觀眾看完節目給我許多欣慰的感想：

「她是一位堅強的女性，活用主婦觀點去販賣便當，她讓我感受到樂在工作的重要性。」

「她很有想法，具有挑戰精神，所以升任大宮營業所長才一年，年營收就提升五千萬日圓。」

「原本是家庭主婦，四十四歲才開始兼差。工作態度獲得認同成為正職。她卻在一年後被升為主管，在虧損的營業所擔任所長，這是前所未聞的人事異動。對做出決定的公司高層，以及被提拔的三浦女士，都很令我佩服。」

「我目前是全職主婦，很接近三浦女士剛開始兼差時的年紀。我原本要放棄找工作，但是她讓我有了再度嘗試的勇氣。」

「我希望你到連續虧損的大宮營業所擔任所長，並針對銷售現場進行改革。」

二〇〇七年三月，我被叫到社長室，接到讓人意外的人事命令。

我在四十四歲前是全職主婦，兼差開始鐵路便當的販賣工作，五十二歲成為正職員工。

竟然要我去當營業所長，太奇怪了吧！

我雖然好勝，也覺得「做不到」。對未來，我感到不安，不由得哭了起來。心裡非常惶恐。

我從未擔任過主管，在電腦方面也不拿手，對於前任所長留下的業務資料，可說是一頭霧水。

擔心與其他員工處得不好，想著：

「讓大宮營業所轉虧為贏是我的使命，我一定要讓下屬聽話！」

我開始變得很強勢。

壓力太大，我不僅半夜嘔吐，還出現血尿症狀。

「真希望自己能消失。」

如果辭職，就會讓提拔我的社長沒面子，所以我不能辭職。

我真的想逃離這份工作。

當時我在精神和肉體都承受著極大的壓力，幾乎快要發瘋。

就在這時，在兼職時期的主管因為擔心我，對我說了一句話。

「不要從困難的地方開始做，要從妳擅長的地方著手。」

這句話讓我想起一些已經忘掉的事。

我擅長營造一個可以讓大家愉快工作的環境，因為不能讓大家愉快地工作，就無法提高營收。領悟到這些事，心情突然變得很輕鬆，不再「因為自己是主管」而逞強，有什麼不會做的事也能說「拜託你幫個忙。」坦白向他人求助，員工也能很快接手。

漸漸地，與員工間的溝通，還有工作就這樣步上軌道。

擔任所長五年來，我和一百一十九位正職、兼職人員，以及工讀生一同成長。大宮營業所的**兼職人員和工讀生多達一百一十人，正職只有九人，所以「能否讓兼職人員、工讀生具備戰力」對業績有莫大的影響。**因此我努力營造一個可以讓兼職、工讀人員愉快工作的環境，讓員工具備戰力以提升業績。

與前一年相較，我接任大宮營業所長後，第一年營收增加五千萬日圓。第二年則多了三千萬日圓，第三年更增加三千萬日圓。到了第四年，遭遇東日本三一一大地震的影響，遭受嚴格的考驗。但我的創意商品「Hayabusa Water」（每瓶售價三百七十日圓的礦泉水）與新開發的鐵路便當大熱賣，該年度的營收幾乎與前一年相同，業績並沒有受到災難影響。

擔任所長的四年期間，我將營收提升一億一千萬日圓。

然而，這段期間並非一帆風順。

我曾因為員工未能如同預料般成長而焦慮不已。

也曾因為員工遇到不合理的客訴，而藉機建立客訴處理辦法。

無論何時，我都不曾忘記要保持心情愉快，帶著笑容愉快工作。

我從兼差變成正職，後來更擔任所長。我現在能自信滿滿地說「**樂在工作的人是無敵的**」。

有許多看過《專業工作風格》節目的人，都很認同我「**樂在工作**」的態度。

「思考如何讓正職、兼職人員都工作愉快的三浦女士，讓我非常感動。」

「我覺得和三浦女士一起工作的人真幸福。如同母親般的溫暖照拂，我覺得這是男性主管不容易做到的。」

我收到許多熱烈迴響。

但惡夢卻突然降臨。

節目播出兩個月後，我在十月底突然開始出現腹痛症狀。醫生告訴我是大腸癌。

腫瘤大小和雞蛋差不多，我已做好死亡的覺悟。

一開始我一直想著「為什麼是我」而陷入沮喪。

我平時就很自豪，認為「我每天都過得快樂又充實，所以就算明天死了也無所謂。」想到如果繼續沮喪，不就「說的和做的不一樣」。

幸運的是，手術順利成功。我開始接受事實，反省但不後悔。保持樂觀進取，不是因為覺得愉快而笑，是因為笑了才變得愉快。我抱著這些信念，使免疫力提高。

短暫休養後，我再度回到鐵路便當的銷售前線。

由於考量到身體狀況，我在二〇一二年十二月底卸下大宮營業所長的身分，轉新任職務「上野營業分店銷售顧問」。

這項工作是針對上野營業分店所管轄的上野車站、大宮車站，以及鐵道博物館等處的日本餐廳集團NRE所屬門市的販賣狀況，予以指導。

因病休息，我在重返職場之前，我曾與常務董事談過話。他說：「我希望你走訪各個門市，依據銷售狀況提供指導。」

我的任務是，要讓上野車站、大宮車站，以及鐵道博物館等處的所有員工，可以在門市快樂地工作。

我的夢想是要讓全國各地的銷售現場都變得愉快，而不僅只注重鐵路便當的銷售狀況。

我想透過演講或研習等方式，走訪各地的銷售現場並將快樂散播給所有人。因為我無法走訪每一個地點，於是我就將在銷售現場改善的經驗寫出，集結成這本書。

如果所有人都能樂在工作，並以自己的方式進行挑戰——即使是一件小事，也很讓人高興。

三浦由紀江

第2章 這樣說話——讓奧客變成忠實顧客

第3章 把職場的相遇，轉換為你一生的機會！

第4章 接受市場嚴苛的考驗，不景氣就再多努力一點！

第5章 和員工一起成長

第1章

直接進入銷售前線，讓員工自動自發的方法

No. 01

「我還想繼續工作，請不要幫我加薪。」員工是因為工作得到認同而努力，而不是為了微薄的加薪！

「工作很快樂，不想縮減工時」

「所長，我還想繼續工作，請不要幫我加薪。」

有一次我打算將兼職人員的時薪提高，她卻很難過地對我這麼說。

在職場，有很多兼職人員都是家庭主婦，許多人都希望兼職工作所得不要超過家庭的所得稅扣除額，所以是否超過扣除額的適用範圍——年收入在一〇三萬日圓以內，是相當重要的問題（此為日本的情形）。

因為員工很認真工作，我自然會想要替員工加薪。所以我說：

「既然時薪提高，減少一點工時不就好了。」

沒想到那位兼職人員居然不肯讓步，她說：

「因為工作很快樂，我不想縮減工時，所以請不要幫我加薪。」

店裡的便當賣不賣得掉，其實和兼職人員、工讀生的薪水無關。

便當若是被丟棄、銷毀，並不會扣薪；便當若是銷售一空，也不會發獎金。一般現場銷售的情形都是如此。

無論是站著不推銷還是拼命推銷，對員工來說，薪水都一樣。因此對一般人來說，會認為是站著不推銷比較輕鬆，因此會以為薪水是越高越好。

現場的兼職人員卻說：**「薪水請照舊，我不想加薪，想要工作更久。」**她很努力地賣著便當。

認真工作讓人快樂，便當賣出去，會更快樂

我能理解這位兼職人員的想法。因為我在兼職時期，也有過這樣的念頭：「如果工作很快樂，薪水多少都無所謂。」。

我最早在一九九七年四十四歲時，開始販賣鐵路便當。這項工作讓我樂在其中，所以我做了許多自己能力所及的事。

整理貨架、將商品擺放在顯眼處，以及打掃店內各個角落等等。

其他兼職人員大多認為「再怎麼努力，薪水還不是一樣，倒不如輕鬆的工作。」

因此，他們跟我說：

「就算你在認真，也不會被公司賞識，所以隨便做做就好啦！」

業績再好，大家的時薪還是不變，又不會加薪。

我討厭茫然地等待下班時間的到來。

因為這樣一點都不有趣。

認真工作才會讓人快樂，賣出便當，我會很快樂，所以我想要以自己的方式來工作。

我會在工作時思考，如何讓自己工作更快樂。我決定**讓門市處於忙碌狀態**。顧客不斷湧入、休息時間都沒有的忙碌狀態，工作起來才愉快。

兼職人員注意進貨細節，能減少商品丟棄量，使日營收提升五分之一

我有過這樣的經驗。

在家庭主婦兼職時期待過的上野車站三樓門市，主要是販賣麵包、御飯糰，以及三明治等商品。

我特別在意的是麵包的進貨量。無論當天麵包賣不賣得好，公司的政策進貨量都不會調整。

這樣賣不完就丟掉，隔天再全部更換為新鮮麵包，我不會有怨言。

袋裝麵包的保存期限是三天，也就是說，麵包送到之後，要到第三天的傍晚才能丟棄，此時麵包早已變硬。

「把不新鮮、變得難吃的麵包賣給客人是不對的。」當時我這麼想。

這麼做會買到難吃麵包，讓顧客印象不好。

有一天我終於忍不住說：「反正這麼難吃的麵包也賣不出去，就丟了吧！」我把還在保存期限內的麵包通通下架。

「三浦，你在幹嘛？。」

公司的同事非常生氣，但是我毫不退縮。

「為什麼變得難吃的麵包還非賣不可呢？如果是這樣，就調整進貨量讓商品不會賣不完，不就好了嘛！有些麵包即使放久了還是很好吃，那就多進一些放了三天還是一樣好吃的麵包，不就行了！」

沒想到對方回我一句話：

「那你要不要自己進貨看看？」

雖然很懷疑，兼職人員可以做這種需要負責任的事情嗎？但我還是接下挑戰。

我開始負責訂購麵包，漸漸地門市中的其他商品也由我決定進貨量。

一開始並不順利。

我每天記下麵包販賣的種類和數量，比較這些銷售量與進貨量之間的差距，決定下一次的進貨量。但有時原本暢銷的商品卻突然賣不掉，而賣不完減少進貨量的商品卻供不應求，很難掌控。

在多次嘗試後，我領悟到「不要只用數字作判斷，最好是多訂一些自己覺得好賣、有信心的商品」。

如果是自己覺得好賣的商品，就算進貨量較多，我也會想辦法把它全都賣掉。

我開始以「自己覺得好賣的商品」的觀點來進貨後，「既然自己覺得能賣掉，就一定要把它賣出去。」產生責任感，於是比以前更努力推銷。

結果門市沒賣完、丟棄銷毀的商品數量減少，日營收竟然提升五分之一。

把工作交給掌握現場狀況的兼職人員，提高工作準確度與工作意願

開始負責進貨量後，想到「自己是兼職，卻能負責這麼重要的工作！」就忘了時間的流逝，專注於工作。即使回到家中，我還在繼續想進貨量的問題。女兒看到我這樣子，對我說：

「媽媽，你是笨蛋嗎？把工作帶回家做又沒有薪水可拿，這種事就讓正職員工去做吧！」

聽到女兒的話，我才想到「對耶！我為什麼要這麼認真？」

儘管如此，我還是想**「因為主管賞識我，才會把重要的進貨工作交給我來做。」**即使拿不到薪水，思考進貨數量還是很有樂趣的一件事。

沒有人會因為金錢自動自發，而是會**因為自己受到認同和賞識，才會變得主動。**

要拿多少薪水才會覺得幸福呢？有些人只要少許薪資就心滿意足，也有些人無

論再多都不滿足。

只要受到認同，自尊心就會得到滿足。

自尊心獲得滿足，就會浮現「我要努力做到最好」的想法。

現在回想起來，當時我的主管說的那句「那你要不要自己進貨看看？」真是英明的決定。

許多公司高層都沒察覺，其實待在銷售現場的兼職人員最能掌握實際狀況，不過就算他們有發現這件事，也不打算將工作託付給兼職人員。

所以公司才會由不了解實際狀況的員工盯著電腦，執行進貨業務。

這件事無論再怎麼想，都不合理。

兼職人員掌握銷售現場的實際狀況，因此若能將進貨業務交由現場兼職人員負責，不僅可提高進貨數量的準確度，也能提升兼職人員的工作意願，真是一舉兩得。

No.
02

想降低成本，就把進貨業務直接交給現場兼職人員，商品丟棄量能大幅減少一半以上！

員工進貨的商品，如果乏人問津，會特別認真銷售商品！

根據我自己在大宮營業所兼差賣便當的經驗，我決定**讓兼職人員負責進貨**。結果如同我預料的，交託責任以後，兼職人員感到自己的工作態度獲得認同，而更積極地投入工作。

正職員工會根據一、兩週內的數據來判斷「似乎賣得不怎麼好啊！換別種商品試試吧！」而兼職人員只要認為「東西賣得沒有想像中來得好。」隔天就會大幅度減少商品種類與進貨量。由於把賣得不好的商品賣掉實在很不容易，所以連一週的時間也不能耽擱。

不過，就算兼職人員再怎麼有經驗，當然沒辦法馬上就能把進貨這件事，做得盡善盡美。

進了大量的暢銷商品卻賣不掉，或是減少滯銷商品的進貨量，卻變得供不應求等狀況，剛開始負責進貨，是一連串的挫敗。即使依照舊有數據進貨，銷售狀況卻不如預期所想。

當初我接下進貨業務時，曾沮喪地對主管說：

「我這麼努力，怎麼數量都不對呢？」

主管跟我說：

「預測不準確是進貨人員永遠的課題。我知道你已經很努力了，所以沒關係。」

我聽到主管的話，腦中浮現「既然我進的商品賣不好，就要負責拼命賣掉。」

感覺就像是和自己競賽。

這個競賽具備兩個要素。

一個是根據之前的營業數據來預測進貨量，另一個是獨自將商品全部售出。因為是自己進貨、銷售，所以就算進貨數量有誤，也能靠自己的努力來補救。

若是預測準確，商品銷售一空，就能獲得莫大的成就感。

對這個進貨與銷售的自我競賽，兼職人員如果能夠樂在其中，心情上會轉變為「薪水多少都無所謂，工作很快樂，所以我不想縮減工時。」

有些主管很擔心，「讓兼職人員承擔這麼大的責任，真的能夠快樂工作嗎？」

這要看每位員工的個人特質，以我的經驗來說，即使有的人一開始說：「我做不到。」經過自我挑戰，嚐到多次勝敗的滋味，漸漸能樂在其中。自己進的貨，再把商品全部賣掉，這個挑戰很有趣。

正式員工只有百分之八！兼職人員和工讀生的積極態度會影響業績

以我所服務的日本餐廳集團NRE來說，相較於一千六百五十位正職員工，兼職人員、工讀生的門市人員卻有八千～九千人之多。

當時大宮營業所的**正職員工只有九人，兼職人員、工讀生卻多達一百一十人，**因此**兼職人員、工讀生會大大影響到業績**。

沒有任何商品是只要擺在貨架上就能大賣的。

東京車站裡的門市人潮眾多，即使不花時間向顧客說明或推銷，還是能將鐵路便當賣出去。

大宮車站內的門市則與繁忙的東京車站完全不同。

由於上下車人數比東京車站少了許多，想要將商品賣掉，絕對需要現場兼職人員的努力。**員工感受到自己的工作值得付出努力，鐵路便當才會賣得好。認同員工的工作態度，並將便當進貨業務交由員工來負責**，是提振兼職人員和工讀生士氣最有效的方式。

比方說，以大宮車站內的「旨囲門鐵路便當」為例。負責進貨的員工在上班前一定會先到辦公室來看看情況。

他們為了確認自己的進貨量是否正確，以及丟棄量的多寡。這段時間並沒有支付薪水，是他們自己主動這麼做的。

就算只剩下一個便當沒有賣掉，她們也會很不甘心地跟我說：「所長，對不起。」

為了不讓貨架上空無一物，我們是以略多的數量來進貨，有時難免會賣不完，但兼職人員卻**是以「零丟棄」為目標**。

自從將進貨業務交由現場兼職人員負責，大宮車站的便當丟棄率**從六%降到二%**。

每個月的便當丟棄量從六千個降為二千五百個。換算為金額，**浪費掉的成本從三百五十萬日圓降至一百五十萬日圓**。快速地降低七成的成本。

兼職人員和工讀生的進貨量從來不是整數！進貨數字藏有降低成本的秘密！

將進貨業務交由兼職人員、工讀生負責，進貨數量也會更著改變。

如果由後台正職員工負責進貨，進貨數量會是十、十五這類方便加總的數字。原因在於「以五、十為單位來進貨比較方便計算」。

如果前一天進的十個便當全都賣掉，隔天就進十五個或二十個。如有剩餘，就再降回十這個數量。

如果是現場兼職人員和工讀生，就會以**三個、七個，或者十二個**，仔細推敲後的數字來進貨。

「雖然十個不夠，但十五個卻賣不完，所以就進十二個吧！」**這些數字是來自於銷售現場的經驗。**

如果兼職人員和工讀生的工作意願低落，業績就無法成長。商品銷售狀況與兼職人員和工讀生能否感受到自己的工作值得付出努力，有著密切的相關。

讓感覺到自己的工作值得付出努力，能夠快樂地工作，才是管理階層最重要的工作。

No.
03

顧店時不要呆站在收銀機旁，請多在店裡走動，自言自語般的說話。待客之道的重點在於：「不要一直想對客戶推銷」！

店員忙碌，顧客就會感到安心。店員等候顧客上門的樣子，反而讓客人不敢上門

在我剛當上日本餐廳集團NER大宮營業所長時，現場兼職人員和工讀生幾乎都不會向顧客推銷便當，只是一直站著。

於是我也穿上和門市相同的制服，到門市站崗。

這是為了教導員工如何待客。

與顧客說話要用以第一人稱、自言自語般地輕聲說話。

我在上野車站擔任兼職人員時，會在店裡到處走動。我一邊打掃、重新排列架上商品，一邊慢慢走近顧客身邊，向顧客建議應該選購哪一種便當。

因為我總是來回走動，甚至還被車站站務人員說過：「你就像隻老鼠一樣地動來動去，沒看過你靜靜地站在收銀機前的樣子。」

只有在顧客排隊結帳的時候，我才會站在收銀機前。

一間店的店員忙個不停，整間店就會充滿活力，顧客也就能安心走進去看看。

如果只是站著，會給人「等候顧客上門」的感覺，顧客就會感到不安，不會進入店中。

在狹小的店裡，我也是盡可能地到處走動。

如果沒事可做，我就看一下貨架下方是否需要打掃，邊做事邊等候顧客進入店裡。

等到顧客進入店裡，我就慢慢走近顧客身邊輕聲說話。

「那個便當裡面的肉片有點乾，我不是很喜歡。**這個便當的肉片美味多汁，可以品嚐看看。**」

「這個餐盒裡的星鰻，肉質柔嫩又好吃雖然貴了點，但**吃了會讓人覺得幸福喔！**」

如果知道某個便當的包裝設計不出色，卻很美味，可以向顧客推薦。

「這個便當因為包裝不起眼，都賣不出去，**但是裡面的菜色非常好吃！**」

顧客也會回答說：

「包裝看起來確實不吸引人。既然好吃的話，我就買來吃吃看吧！」

其中有些人不是第一次來選購。

「你上次推薦的便當真好吃，今天你要建議我買哪一個？」

我是在試吃過後，坦白地向顧客說出自己的感想。

一邊做事一邊等候顧客上門，以第一人稱自言自語般輕聲說話，這樣的待客術，使門市的業績逐步上揚，一年後我的門市成為上野車站的日本餐廳集團NRE門市第一名。

我會在門市示範給員工看，但不會跟員工說「你就照我這樣做。」

我從兼職時期的經驗中了解到，只要現場門市人員掌握訣竅，任何人都可以把商品賣掉。

我與兼職人員**一起待在門市裡**，向員工示範，店裡沒有客人時該做些什麼，還有如何推銷鐵路便當。

員工跟我說：「所長，我不知道在推銷便當的時候該說什麼。」所以我就這麼建議：

「你覺得這個便當好吃嗎？只要坦白說出自己的想法就可以了。覺得好吃，就說好吃。」

後來過了十分鐘，她很快就賣掉了一個便當。

我很高興，就這麼稱讚她：

「太好了我可是花了三年才學會怎麼推銷呢！你卻馬上就學會了，好厲害！」

我雖然會向員工示範做法，但不會跟員工說「你就照我這樣做。」**實際示範給員工看**「這樣做就賣得出去」，然後告訴員工**「接下來請照你自己的方式來做。」**

即使我現在擔任行銷顧問，也沒有改變這樣的立場。

現今是「人人都會投訴的時代」。

在待客的過程中稍有不妥，就有可能會遭到客訴。

所以我們才會在行銷研習中學習「歡迎光臨」或「收您○○元」等像是五星級飯店的待客用語。

但其實我並不喜歡「收您〇〇元」的說法。

在車站內的門市使用「收您〇〇元」這樣的詞彙，感覺太過拘謹，不過更大的問題是，我很討厭所有的員工都用同樣的句子來待客，因為太過機械化。

賣不好的理由，坦白告知顧客，顧客會因為信賴而購買商品

只要不讓顧客感覺不愉快，我認為員工**以自己的方式來待客**是最好的做法。

我在販賣鐵路便當時，不會只說：「很好吃喲！」

就算覺得「好吃」，我也會說：「這個便當因為太貴，賣得不好，但其實很好吃。」或者「我很喜歡這個便當，**但不知為什麼**就是賣得不好。」

如果客人說：「反正你一定會說全都很好吃吧！」我會老實回答：「不，有些便當並不合我的胃口。」

要是顧客問我：「你賣這些便當，可以說這種話嗎？」我會回答：「因為我比

較喜歡清爽的口味。如果您喜歡重口味，請一定要品嚐看看，每個人口味不同。」坦白告知，顧客就會信賴。

有時候顧客還會問我：「你最推薦的是哪個？」然後買下比較高價位的便當。行銷話術並沒有正確答案。

透過自己經驗的累積，建立一套適合自己的行銷話術，是最好的做法。

找出顧客的喜好才能達成銷售目地，請克制想推銷的想法

其實在「等候顧客」與「以第一人稱自言自語、輕聲說話」前，還有一個重要步驟。

就是「克制想要推銷的想法」走近顧客身邊。

我剛開始兼差時，明顯一副想要推銷的樣子，因此顧客都落荒而逃。

因為有過這樣的經驗，我向員工傳達了以下想法。

「我知道大家都想要把商品賣掉，但如果明顯擺出一副『想推銷』的樣子，反而賣不掉。所以**要克制住想推銷的想法**。」

克制想推銷的想法，這件事出乎意料的難。越是認真的想行銷，就越容易擺出一副想要推銷的樣子。

就算說：「不那麼努力推銷也沒關係啦！」但員工也不知道如何斟酌。所以我就積極走訪門市，實際示範「如何克制想推銷的想法」，畢竟只有親眼所見，才能完全理解。

重點在於**開始待客的時機**。

待客並不是從顧客走入店裡開始，而是從我們看到客人時就展開。從遠處觀察即將跨入店裡的客人。

有些人是快步走向店裡，也有些人是晃進來看一下。從現場氣氛可以感受到，哪些人因為發車時間逼近而急迫。

看看隨身行李，就可以知道顧客是否正要去旅行，透過談話，也能察覺到顧客打算購買鐵路便當作為伴手禮。

一瞬間可以分辨出顧客的狀況和需求，準備符合顧客所需的應對方式。

就算有很想賣掉的便當，也不能突然開口推銷「這個便當很好吃喔！」克制想要推銷的念頭，以「這位客人要去哪」來開啟話題，與顧客輕鬆閒聊，保持一段距離。

接著問「您喜歡什麼樣的便當？」得知顧客的喜好。如果顧客的喜好與自己想推銷的便當吻合，就可以推薦。

「我想向您推薦這個便當。」

「這個便當裡有我很喜歡的烤魚。」

以前曾經有人說：「三浦總是會把顧客拉進她的世界裡。」雖然自己並沒有那樣的企圖，但當我在享受與顧客間的閒聊時，顧客應該也很樂在其中。

所以才會看起來像是顧客被拉進了我的世界裡。

在不了解顧客喜好的狀況下貿然推銷，顧客會以「那個我不喜歡」為由拒絕。就算顧客購買商品，也會覺得自己「被強迫推銷」。

若是沒讓顧客覺得**「是我挑選了這個便當」**，顧客會覺得「居然叫我買這麼難吃的便當」而被客訴。

從這理由來看，我們知道**待客要克制想推銷的想法**有多麼重要。

把「克制想推銷的待客術」銘記於心，向顧客推薦的便當就會賣出去，販賣商品的工作也會變得很有樂趣。

No.
04

人生閱歷豐富的資深兼職人員，是工作團隊的潤滑劑，能協助管理員工渡過危機。

資深兼職人員的貢獻，在於讓主管得知平時未能留意到的員工狀況

大宮營業所的員工包含正職、兼職，以及工讀生在內共有一百一十九人。由於我無法關注到每一位員工，因此我很仰賴資深的兼職人員。

大宮車站內的「旨囲門鐵路便當」有三位資深員工，她們可以在工作上協助其他兼職人員和工讀生。

她們還會向我報告其他員工的工作狀況。

「最近○○在推銷鐵路便當時，表現得非常好，所長你一定要稱讚他！」

對一個組織來說，資深兼職人員很重要。

優秀的資深兼職人員能察覺到許多細節，會針對門市營運等方面提出業務改善的建議。

正職管理人員的工作很繁瑣，因此難免會覺得那些建議很煩。

我曾參與日本TBS台的《加油！日本經濟！充實的星期一！》節目錄製，聽經濟評論家森永卓郎先生說過：「兼職人員最了解現場狀況，所以公司要多聽聽兼職人員的意見。」但許多公司都無法做到這一點。

正職員工和兼職人員、工讀生之間出現隔閡。

兼職人員、工讀生從氣氛中敏感地察覺到，「跟正職人員有關的事，什麼都別說。」認為「那不關我們的事。」「就算有什麼不妥，也沒必要說出口。」

曾有兼職人員特地提出業務改善建議，卻惹人嫌，當然會變成「只要把主管交代的事完成就好。」

擔任所長期間與兼職、正職員工產生隔閡

我還在上野營業分店時，是屬於積極進行業務改善的資深兼職人員之一，因為當時有位正職員工會採納我的建議。

即使後來成為正職員工，我仍然是兼職人員、工讀生的夥伴，屬於什麼都能談

的關係。

為了讓職場的氣氛融洽，我也在正職員工和兼職人員、工讀生間扮演潤滑劑的角色。我會向正職員工委婉轉述兼職人員的意見，並讓正職員工與兼職人員、工讀生每個月一起開一次會。

開會聽起來似乎很簡單，但並非一開始就很順利。

一開始員工只是一直在說彼此的不滿，但在幾次之後大家就發現「再怎麼責備對方也沒用。」「要怎麼做才能讓大家都工作愉快呢？」轉變成提案型的會議。

這樣的做法對員工和公司之間的溝通和資訊共享很有幫助。

隔閡不再存在，成為溝通良好的職場。

我在大宮營業所的頭銜是「所長」，就算自己很想要像兼職時期那樣與同事互動，兼職人員、工讀生的反應總有些不自然，有話也不跟我說。

員工並不認識兼職時期的我，所以有距離也是理所當然的。

再加上我剛被升為所長，工作很賣力，給人一種「一定要好好表現」的感覺。

讓員工沒有「所長原本也是兼職人員，有什麼話都可以跟所長說」的親切感。

這樣下去是不行的。

既然兼職人員、工讀生有話都不敢跟我說，那就要有人代替我扮演這個中間溝通的角色。

資深兼職人員是「緩衝墊」，細心維護管理階層和員工間的關係

我拜託資深兼職人員注意「員工有沒有什麼煩惱或工作上的問題」。資深兼職人員大多是家庭主婦有教養孩子、參與家長會活動，以及與街坊鄰居往來等各種經驗。她們與具備各種特質的其他兼職人員、工讀生都很有話聊，可以有技巧地將談話內容轉達給正職員工。

這些資深兼職人員在正職員工和兼職人員、工讀生間扮演著緩衝的角色。拜她們所賜，大宮營業所逐漸變成像我原來兼職的上野營業分店那樣氣氛融洽的工作場所。

一段時間過後，她們發揮了更大的功用，成為我與員工之間的「緩衝墊」。如果有其他員工因為被我責罵而難過，她們就會說：

「所長是因為喜歡你，才會對你嘮嘮叨叨。」

「所長是以母親的心情，期盼你能夠有所成長。」

因為有她們的勸慰，員工才能調適心情，**將注意力放在挨罵的原因，而非挨罵這件事**，去反省自己的過失。

這些資深兼職人員能做到這些，是因為有豐富的人生閱歷。

她們在教養孩子的過程，曾經歷過責罵孩子或稱讚孩子等階段，所以很清楚我為何責罵員工。

她們也知道該怎麼做，才能讓孩子成長。

資深兼職人員也能在工作中協助正職員工。

有一位男性主管不知道該怎麼跟年輕的兼職人員、工讀生溝通。

其實他人不錯，但在下達指令時沒有注意口氣，往往變得過於嚴苛。

此時資深兼職人員就能扮演組織的潤滑劑。

「那個人其實是刀子嘴豆腐心啦！」

「不用難過，如果你有什麼話想說，我可以幫你跟他說。」

對一個組織來說，這樣的人才絕對不可或缺，兼職人員也一樣。

身邊若有閱歷豐富的人，很多事都可以順利推展。

No.
05

只要員工對一件事情產生自信，接下來所有事情都能順利進行。想要栽培員工，第一步要放手，讓員工完全負責。

不順利的起步

許多看過我參與錄製的ＮＨＫ《專業工作風格》節目的人都說，我和男性主管的互動很有趣。

特別是日本鐵道博物館（以下稱為鐵博）的熊谷和德經理（四十一歲）在便當開發背後的故事受到觀眾矚目。

山形新幹線在二〇一二年迎接開業二十週年。東北新幹線和上越新幹線迎接大宮車站開業三十週年，長野新幹線則是開業十五週年，所以二〇一二年被設定為「新幹線年」。

因此日本鐵道ＪＲ在這一年策劃許多活動，我們公司日本餐廳集團ＮＲＥ也配合這些活動推出「鐵路便當限定商品」。

但在著手進行鐵路便當的開發時，我卻覺得很迷惑。

因為我不知道是否該把限定版的鐵路便當開發工作交給鐵博的熊谷經理負責。

一開始是熊谷經理提出要製作鐵路便當紀念商品的想法。

他提議：「帶孩子出門的母親，會因為孩子吃不完一個便當，選擇購買小一點的便當，所以我想製作能讓成年旅客感到滿足的小便當。」

其實以前我就曾讓熊谷負責過鐵路便當的開發。

當時他說：「我想製作鐵博限定的便當。」因此與四家廠商進行開發。

他完成的便當，其中有一款的銷路並不好，沒有達到我的水準。

我問熊谷：「你有試吃過嗎？」他一副無所謂的樣子回答：「我沒吃。」

我脫口而出：「你讓廠商製作鐵博限定的便當，卻沒試吃，這樣很奇怪吧！」

他仍嘴硬說：「我開不了口，因為對方是專業的。」

「廠商確實是製作鐵路便當的專業，但我們是**販賣鐵路便當的專業**。顧客買什麼樣的便當會高興，我們比誰都清楚。我們每天都會與顧客接觸，所以要對自己的判斷有信心，該說的話就要說。」

如果不各司其職，廠商（製作鐵路便當的專業）和我們（販賣鐵路便當的專業）共同進行鐵路便當的開發就沒有意義。

「這個便當比較好賣」我的直覺比廠商更敏銳

大宮車站內的「旨囲門鐵路便當」門市，就在「ecute大宮」這一棟商業大樓裡面，附近有多家壽司店、便當店，以及販賣現成熟食的店家，競爭相當激烈。想要讓顧客專程來「旨囲門鐵路便當」門市選購便當，必須製作多種引人垂涎的便當。

自從我就任大宮營業所長以來，與各地的鐵路便當廠商合作開發鐵路便當產品。為了製作「暢銷的鐵路便當」，我到各地便當廠商的廚房去試吃。

雖然我在烹飪方面並非專業，卻不斷要求專業的便當廠商作出改善，使便當廠商很驚訝。

可是，我當了二十三年全職家庭主婦，曾為家人和朋友做了許多菜，我對自己的味覺很有信心。

更何況我還賣過很多種鐵路便當。

「這樣的便當不會暢銷」或者**「這個便當會比較好賣」，我的直覺**，絕對比便當廠商還要敏銳。

所以我會毫不客氣地說：「這個不好吃。」「這個便當不會暢銷。」便當廠商感受到我的熱誠，所以願意為我們不斷重新製作，直到獲得認可。最後製作的便當，的確相當有吸引力。

我至今開發的鐵路便當有二十種，無論哪一種都在製作上毫不妥協，並具備地方特色的便當。

因為我們擁有多種吸引人的便當，我才能**在就任所長的第二年將門市的總營收提升三千萬日圓，成長超過二十%**。

員工沒有自信，是因為主管不放手

山形新幹線開業二十週年紀念便當，這個企劃案推出時，我產生「再讓熊谷試一次看看。」的期望，和「交給他沒問題嗎？」的不安，讓我不知如何是好。為了培養熊谷的自信，我決定帶他到開發現場。

到了位於米沢的廠商－松川便當店，我下定決心跟熊谷說：「這次就全部交給你負責吧！」我認為**熊谷沒有自信，是因為我沒有確實放手，把工作交給他負責**。

突然得知「你一個人來做」，熊谷很驚訝。

我跟松川便當店的林真人社長表明：「紀念便當的企劃案是熊谷經理提出的，所以全部交給他來負責。」社長並不反對。

開始討論的時候，熊谷沒有對便當提出任何意見。松川便當店的社長說：「什麼都不說，我們也不知道該怎麼製作。」

我有點擔心「鐵路便當的開發如果再度失敗，熊谷會變得更沒自信，該怎麼辦？」但又覺得「如果我現在出手干涉，我的努力會半途而廢。」所以決定忍住不說。

社長示範把便當泡菜捲在肉片中間，熊谷終於說話了。

「很多女性顧客都討厭泡菜的味道，還是不要放泡菜比較好。」

這是他第一次對於這次的產品開發，針對有孩子的母親所設計的策略，說出自己的意見，我心中的一塊石頭總算落了地。

因此**「御賞詞名幕之內」**便當就這麼誕生。

「御賞詞名」這名字是我想出來的，而便當的包裝以米沢車站為主要圖案設計，是熊谷的創意。

我告訴熊谷「包裝上會在『監製者』這個頭銜後面印上你的名字喔！」他起初似乎有點不好意思，看到成品時，他很開心。

後來「御賞詞名幕之內」順利使公司營收增加。

幕之內便當看起來並不起眼，剛開始賣得並不好，但因為真的很好吃，買過的人還會再回來選購。

有些人還因為好吃，吃完又多買了一盒帶回家。

看到這些顧客反應，相信熊谷也很開心。

由於成功開發鐵路便當的新產品，熊谷找回自信。

只要對一件事情產生自信，所有的事情都能順利進展。

No.
06

栽培員工與教養孩子，共同點都在於：「要讚美優點」。

受到主管認同，員工自然會成長

對於如何栽培員工，有一位主管是我的學習對象。

我還在上野營業分店兼差時，來了一位新的分店長。這位分店長總是面帶笑容，時常來到門市與我們聊聊。

不管我做什麼，他都會稱讚我：「不愧是三浦，你果真如傳說一樣，真的很厲害。」

新來的分店長無論對誰都是笑臉迎人，不說別人的壞話。我很欣慰「來了一位不錯的人。」

我覺得終於有人了解我。

過了三個月，發生了一段插曲。

我當時正用強勢的語氣向正職員工抱怨，分店長把我叫過去，問我：「我從剛剛就在聽你們說話。雖然你說得很有道理，但你**只顧著自己說，都不聽別人怎麼回**

答。」

分店長到任三個月來，從沒向我提出什麼建議，所以我很驚訝。如果是以前，我會很生氣地說：

「你在說什麼？我做得很認真，你不能這樣說！」

當分店長告訴我：「只顧著自己說，都不聽別人怎麼回答。」此時我卻想「既然是這麼認同我的人所說的話，我會改進。」

因為分店長有看到我的優點，也認同我，我才能有所成長。

主管該做的是培養員工成長所需的土壤

擔任大宮營業所長後，我經常想起分店長的事。

關於「栽培員工」，一般人只想到找出員工的缺點，提醒員工應該要注意的地方。

但直接提醒，員工是無法接受的。因為突然被不認同自己的人指責，不管誰都會認為你又不了解我而反感。

想要改正員工的缺點，就要先**找出對方的優點**，**加以讚美**。

每個人受到讚美都會感到愉快，覺得「對方有好好觀察我，認同我。」

如此一來，便可與對方建立信賴關係。

一旦建立信賴關係，對方就能把我們說的話聽進去，努力修正自己的缺點，不斷成長。

這是我在擔任大宮營業所長四年的深刻感受。

「員工的成長茁壯，並不是我的栽培。」

主管該做的是要去**培養員工成長所需的土壤**。有好土壤，員工才能快速成長。

鐵博的熊谷經理成為我的員工時，更讓我有這樣深刻的感受。

其實在鐵博歸屬我所管轄的前三個月，我對熊谷的看法是「這傢伙完全不行！」

他不但不聽我的話，還擺出一副你什麼都不知道，憑什麼教訓我的態度。我心想，跟他多費唇舌也沒有用，所以有段時間對他不聞不問。

其實他跟以前的我一樣，是在反抗主管，認為主管不認同自己，只會以獨斷專橫的方式下達指令。

找到對方的優點，採取行動積極地行動

後來我去拜訪鐵博的門市，漸漸看出熊谷的優點。他不會將不滿掛在嘴上，而且做事主動積極，更重要的是，他很重視顧客的想法。

原來我以前的看法是錯的。

我要找出熊谷的優點，與他建立互信關係。

我深切反省，修正對他的看法與態度，然後決定要**採取行動**，讓工作順利推展。

我積極採取行動後，熊谷的態度有了轉變。

原本無論我怎麼說，他都覺得「我做得很認真，你什麼都不知道。」等到我採取行動後，他開始把真正的想法說出來，「所長在，營業所的職員會幫忙。所長不在，他們就不肯幫忙。」

能說出心中所想，這是我與伙伴已建立互信良好關係的證明！表示土壤總算培養完成。

花了半年的時間才完成，這個責任要歸咎於我。

如果我從一開始就找到熊谷的優點，建立互信關係，那麼只要兩、三個月就能改變狀況。

這件事讓我深刻感受到，**找到對方的優點有多麼重要**。

教養孩子也是從找到孩子的優點開始。

不能因為孩子「不好」就放棄，要找出優點，加以讚美。不這麼做無法栽培一個坦率的好孩子。

栽培員工也一樣。

世上並沒有一無是處的人，每個人一定都有優點。

找到優點，認同對方，是栽培員工的捷徑。

No. 07

以「為孩子著想」的態度出發，營造良好職場氣氛。

為員工著想

工作時，情緒管理很重要。

工作時任意宣洩情緒，對顧客或同事來說都很失禮。

如果主管把員工當成自己的孩子，**難免會帶有情緒地責罵員工**。

當主管過於認真地想著，「我希望他成為好孩子。我想為他做點什麼。」會想說「我這麼替你著想，你要聽我的。」

我在擔任大宮營業所長時，能坦率地稱讚兼職人員和工讀生，遇到男性員工時，我會想「我要替這孩子做點什麼」，所以不由得會情緒化地說：「你這樣不行啊！」或者「不行的事就是不行，沒什麼好說的！」

在男女平等的時代，說這樣的話可能會被笑是「老古板」，我希望男性要有肩膀，要能負責任。

女性的時間會因為結婚、生子受限。時間不容易規劃，有些人在婚後會辭掉工作。

但男性並沒有婚後辭職工作的自由。男性一生幾乎都是持續工作，進入公司高層擔任要職。結婚後，就得照料老婆和小孩的生活。

我並不認為「男人就該外出工作」、「女人就該做家事、照顧孩子」。我對自己兒子說：「男孩子也要會做家事。」教他做一般家事。女兒則是教育她們「想要錢就要自己賺。」

對待男女員工的態度不同

社會對男性的期許較大，造成男性必須背負許多包袱，我對男性員工的期望是，希望他們能獨立。現在的男性讓人感覺比女性還要不可靠。

以我教養子女的經驗來說，女孩子不需要我嘮叨，就會主動把該做的事做好，而男孩子卻要一直在旁邊稱讚或指導，往往讓我心力交瘁。

旁人看來，會認為我只關心兒子，我女兒還曾說過：「媽媽都只疼哥哥。」其實並不是這樣，要把男孩子教養成人，實在煞費苦心。

這個想法直到我擔任所長都沒有改變。

我總說：**「女人要勇敢無懼，男人要討人喜歡。」**

我對一般的常識會下意識反抗，所以才總是這麼說。

雖然有很多堅強又優秀的女性，但我覺得有許多男性被女性的陰影所遮蔽。因此，我才沒辦法放任男性員工。

我曾在跟熊谷講電話時突然劈頭罵人，或是一口氣講完自己要說的話後，就掛斷電話。熊谷曾抱怨：「你知道突然被人家掛電話是什麼滋味嗎？」

於是我回答：「我是疼你，所以才生氣，這有什麼不對？我對不認同的事會直接表達。我不是在幫助你嗎？」

他笑著說：「是這樣沒錯啦！」

真的為對方擔心、著想，有時情緒化地責罵員工，員工還是能感受到你的心意。

彼此互信，拉近員工與主管的距離

主管與員工畢竟不是親子關係。彼此沒有血緣關係，不可能完全以親子的方式對待。

主管最重要的是**為員工著想，建立深厚的互信關係**。

即使我認為「員工是自己的孩子」，也無法第一次見面就像對待自己的孩子一般。一開始會像是在照顧別人的孩子，不敢帶有情緒性地互動。

這個階段該做的是，**找出員工的優點，為對方著想**。

逐步建立互信賴關係後，彼此卸下心防，自然會產生感情。

「我要替員工做點什麼」，不知不覺「為什麼不管我說幾次，員工還是會犯同樣的錯？我下次是否要嚴厲一點？」建立關係的機會很多。

如果員工的個性容易親近，不需要很長時間就可以建立互信關係；如果對方不善與人來往，則要花好幾個月。

如果一直無法拉近彼此的距離，也不需要著急。保持平常心即可。

第2章

這樣說話——讓奧客變成忠實顧客

No. 08

面對，才是最好的客訴處理方式。

不敢面對的客訴問題

從事服務業，最讓我感到棘手的是客訴問題。

很少人擅長處理客訴問題。

我曾遇過客人投訴：「前幾天買的鐵路便當真難吃，把錢退給我。」

當然便當有可能像顧客說的那麼難吃，但當時我只覺得對方是奧客。

如果我們可以請顧客將難以下嚥的便當送回來，或是把商品拿回來，向客人道歉：「造成您的麻煩，真是抱歉。」並退還費用，許多問題就能解決。

我們試吃客人退回的便當，發現顧客說的是正確的，飯粒真的很硬。

顧客把這樣的問題告訴我們，很值得我們感謝。

但有些客人卻說：「特地買的，所以只能吃光，又很難吃，一定要退我錢！」

這些客人就是奧客。

對客人來說的確是難吃，但一般人遇到這種狀況並不會拿著空的餐盒和收據來要求退錢。可能有些人以前做過同樣的事，拿到退款，所以覺得這樣做沒關係。

奧客為了一個便當的金額，會一直糾纏四、五個小時。

把費用退還給客人很簡單，但我不能任人擺布。如果把問題丟給總公司，只會挨罵。

當時我只是經驗不足的兼差人員，不敢面對客訴問題。顧客抱怨便當很難吃，我不想面對，只想把問題丟回給廠商。

不能讓可憐的員工獨自面對奧客

最後，我還是必須面對客訴者。

餐廳裡有位顧客自己打翻咖啡，卻抱怨女員工的處理方式讓他不滿意。

事件剛開始是由現場員工處理，但過了一個半小時仍未解決，我只好出馬。

我去了解女員工的狀況。她雙眼紅腫，向我道歉：「主管，抱歉給您添麻煩了。」我跟她說：「這不是你的錯，沒關係。」

我看到顧客正在怒吼：「再把那個店員叫過來。」我下定決心不能讓可憐的女孩獨自面對這件事。

無論顧客說什麼，我都賠罪：「這件事不是她的責任，因為我們的員工教育沒做好。造成您的困擾，我們深感抱歉。」

就這樣低頭賠罪了一小時，客人終於離開，這件事總算解決。後來我在電話中向客服室主任報告，突然覺得很可笑而笑了出來。

「為什麼那個客人要浪費這麼多時間呢？他只能用這種方式來打發時間，真是可憐。」

我竟然笑出來，是自己的腦袋壞了嗎？還是因為遇到這麼討厭的事，所以腦袋變得不靈光呢？

客服室主任說：「你的想法並不奇怪。抱著這樣的心態，才有辦法處理客訴。因為覺得可笑而笑出來，**證明你沒有逃避，勇於面對問題**。」

透過這次「遇到一件討厭的事，因為覺得可笑而笑出來」的經驗，讓原本不敢面對客訴問題的膽怯，全都煙消雲散，想法也轉變成「客訴就儘管放馬過來吧！」

你越畏懼害怕，想辦法躲避，就會遇到奧客。當你不再閃躲，奧客就不再出現。

「面對，才是最好的客訴處理方式。」

勇敢面對，同心協力處理客訴。

經過這次事件，我決定讓所有員工知道，面對客訴時，不逃避有多麼重要。

門市裡的兼職人員、工讀生，我從平時就經常對她們說：「不要逃避，要低著頭跟客人說：『我們感到很抱歉』。」

我也跟正職員工傳達了自己的經驗：**「如果我在公司，客訴就全部交給我處理。若是不在，你們就要自己加油，首先要保護兼職人員、工讀生，勇敢面對，最後一定會獲得成就感。」**

從此大家都學會如何處理客訴問題。

像這樣**全體員工同心協力處理客訴**，奧客自然不會上門，因為他們發現，無論怎麼糾纏也得不到好處，不如去找尋別的獵物！

越是難纏的投訴者，越能**在一瞬間分辨有機可乘**，他們總能發現新來的兼職人員或膽怯的工讀生。

一個公司若是遇到客訴互踢皮球，或是想用錢來解決，只會被奧客盯上。

我們曾被別家公司經營的門市指責：「顧客抱怨NRE生產的御飯糰裡面有頭髮，這是你們公司的責任，你們要出面處理。」

不幸的是，當時的時間是深夜，營業所裡面沒有半個員工。

我雖然接到兼職人員的電話，也沒辦法在大半夜趕赴現場，直到隔天上午才請NRE的製造部門出面處理。我們越是想逃避，投訴者的炮火就越是猛烈。投訴者說我們應對太慢，強烈要求負責人出面，把浪費掉的時間還給他，提出各種無理的要求。

由於各個單位互踢皮球，耗費很多時間才能解決問題。像這種狀況只會使奧客，想要從雞蛋裡挑骨頭。

在面對奧客時，全體員工的態度要堅定。

No.
09

訓練員工處理客訴，最後要告訴他們：「不要擔心，最後我會負起全責。」

【一個偷錢的女騙子】

正職員工雖然是處理客訴問題最後的單位，但一開始被攻擊的都是門市的兼職人員、工讀生。所以我平時都會教導他們如何處理客訴。

「請低著頭跟投訴者說：『這件事我無法下判斷，所以我去請主管過來。』然後聯絡主管。我會訓練所有負責人，有能力處理。」

要向員工說明，無論發生什麼，都由擔任主管的正職員工來負責，讓她們安心。

如果員工沒學過怎麼處理，突然被奧客或騙子恐嚇，無論平時再沉穩的兼職人員、工讀生都無法冷靜面對。

我還是兼職人員時，從來沒有人教過我如何處理問題。遇到奧客或騙子來到店裡，只能自己面對，沒有別人可以依靠。

我開始上班的時候，遇到的是**女騙子**。

她從找零鈔票中，抽出一張鈔票，放進自己的手提袋，然後說：「你少找我一張鈔票。」

我聽她這麼說嚇了一跳，腳也開始發抖。

因為我親眼看見她把一張鈔票放進手提袋，我鼓起勇氣反駁：「你把那張鈔票放進手提袋裡，我有看到。」

她堅持：「我沒放。」我不讓步地說：「那你把袋子給我看看。」

那個女人終於放棄：「你這個狡猾的女人！我再也不會踏進這家店！」她丟下一句話就走。雖然鬆了一口氣，但我的腳還是在發抖。我馬上打內線到辦公室。

不在現場，無法理解奧客的可怕

辦公室裡的正職主管聽完我的話，只說：「問題解決了，沒事啦！」就掛掉電話。

與剛剛的騙子相較下，這位主管更讓我感到憤怒。才不是什麼「沒事啦！」應該要說：「做得好！謝謝！」這樣才對吧！

在十幾年前的便當門市，每個人都是一副事不關己的態度：「問題既然解決，那就沒事啦！」

有一次來了一個人要二十個釜飯便當。

我們只是個小門市，店裡的釜飯便當並沒有二十個這麼多，我只好回答：「我要跟其他門市調貨。」

他說：「那就先調貨，但我要先拿走這兩個便當為樣品。」我說：「那先向您收一千八百日圓。」

但他並不打算付錢，只說：「先給我兩個樣品吧！不給的話，我就不買。」

就算他這麼說，但沒收到錢，我就不能給他商品。我沒把便當交給他，他就說：「那我不買了。」掉頭就走。

後來我打電話到辦公室，主管只說：「沒把商品給他，那就沒事啦！」

從未在門市裡接待顧客的正職主管，無法理解員工遇到奧客或騙子，心裡有多麼害怕、生氣。

處理奧客或騙子的指導手冊

我沒辦法用「那就沒事啦！」這句話來打發。

對於堅強面對問題的員工，我會跟她們說：

「謝謝你這麼努力，讓你有這麼不愉快的經驗，真是抱歉。」

對尚未遇過奧客或騙子的員工，我會在平時就跟她們說：**「不管是誰，突然被恐嚇都會嚇得發抖，就算是這樣，也不要逃避，先跟顧客低頭道歉，再馬上聯絡我。」**

三年前我向總公司提過，希望公司能製作指導手冊，讓員工面對奧客或騙子時，知道該如何處理。有指導手冊，員工比較好處理（目前已製作完成）。

指導手冊說明，對要求退費或是找錯錢等狀況，都規定不可當場交付金錢。留下顧客的聯絡方式，在確認過後，再與顧客聯絡。

採取這樣的方式，就算遇到有顧客表示：「商品被我丟掉，但那個便當餿掉了，你還是要退我錢。」這樣的狀況，可找出同一批製造的冷凍保存便當，調查究竟是哪項食材出問題。

至於顧客說找錯錢的狀況，可計算一整天下來的收支是否吻合，利用監視器畫面進行確認。

進行奧客或騙子的角色扮演，練習應對

雖然公司很仔細製作指導手冊，在其他門市仍有員工當場退費給顧客。

這都是因為主管**沒有好好指導**的緣故。

尤其是新進的兼職人員、工讀生，應該要在每次點名或巡視門市，指導她們如何應對。奧客和騙子會尋找新進人員為攻擊目標。

所以我不時會**扮演奧客或騙子的角色，讓員工練習如何應對**。

我一進門市開口就說：

「我剛剛有來買東西，你應該找我九百一十日圓，怎麼只有四百一十日圓。把

錢還我。」演練一遍。

我會跟員工說：

「來了這樣的客人，你該如何應對？要在平時就學起來。雖然你現在已有老鳥的架勢，不會被當作攻擊目標，但還是不能大意。」

奧客有很多種，當然不是做過演練就能應付所有類型。儘管如此，我們還是必須學習基本的應對方式。

員工是否具備這些知識，心理上的準備大不相同，就算突然遇到奧客或騙子，也要沉著應對。

No. 10

門市第一手奧客解決方案。

複誦對方說的話

以所長身分處理顧客客訴後，我變得比較會應付這種事。

現在我能勇敢面對奧客，幾乎快忘記當初那個發著抖與奧客對抗的自己。

去年大宮車站推出「旨囲門鐵路便當」，店裡，來了一個客人，他說：「便當餐盒下面有破洞，裡面的食材都餿掉不能吃，把錢退給我。」我跟他周旋的時候，還要忍住不笑出聲。

當時我接到「旨囲門鐵路便當」員工的電話，馬上和「ecute」職員趕到現場。**最好不要獨自一人與投訴者交涉，要有第三者在場**，所以我拜託車站的「ecute」職員幫忙記錄我和投訴者之間的對話。如果投訴者知道自己說的話都會被記錄下來，就會感受到壓力。

到了現場，那個奧客還大言不慚地說話。

「便當餿掉不能吃，所以我丟了。我沒有收據，我買了兩個一千五百日圓的便當，所以你要退我三千日圓。」

我完全確定他是存心來亂的，所以什麼都不解釋，只是複誦對方說的話。

「便當餐盒上破了個洞，裡面的東西都不能吃了。」

「有破洞，所以都不能吃了啊！真是抱歉。那便當呢？」

「我總不能帶著餿掉的便當在路上走吧！」

「您說得對，餿掉的東西沒辦法帶著走呢！真是抱歉，那您有收據嗎？」

複誦對方的話，交談的速度就會變慢，不需特別配合對方的步調。

客人說：「我沒有收據。你們既然賣餿掉的東西給客人，難道沒有收據就不能退錢嗎？」

「如果我們賣的是餿掉的東西，就算您沒有收據也是會退錢給您，不過我們店裡會把客人沒拿走的收據保留一個星期，所以沒問題，我現在就去找。」

與奧客纏鬥到底，讓他知道「這家店不好惹」

談到收據，奧客開始有點著急。如果找收據，就糟糕了。於是他含糊地說：

「不對，我應該有拿收據，但被我弄丟了。」

看到他這樣，我更加確定他在說謊。

「就算收據弄丟了也沒關係，因為我們的銷售資料都還留著，可以查出來。**您是在幾點左右買了哪一種便當呢？**」

他沒有後路可退，只好開始說：「我可沒有時間等那麼久，而且我也忘了是哪種便當。」

我心想**不能就這樣放過他**。若是不與奧客周旋到底，讓他覺得這家店不好惹，將來有一天他會故技重施。所以我進一步說：

「既沒有實際購買的便當，也沒有收據，那麼我是沒辦法馬上退費給您的，**我立刻就去查資料，請您稍等。**」

我告訴他，如果忘記是哪種便當，就請他看看店裡陳列的便當，回想一下。這位奧客根本就沒有來店裡買過東西，就算要他指出是哪項商品，他也沒辦法指認。因此我接著問：

「我想跟您再確認一次，是什麼樣的餐盒破了洞呢？」

他惱怒地說：「我不是告訴你塑膠餐盒的後面有破洞嗎？要我說幾次。」

於是我說：「是這項商品嗎？」並用手指著一個一千五百日圓左右的便當。

奧客鬆了一口氣說：「沒錯，是這個。我買了兩個這種便當。」

聽到他的話，我想「問題好解決了。」

我跟奧客說：**「這個便當的餐盒後面是用厚紙製成的，有個什麼樣的破洞呢？」**

奧客說：「你這個人是怎樣啊！算了。」他丟下這麼一句話就走掉了。

客訴處理三要點「複誦對方的話」、「讓對方說話」及「資料」

在一旁觀看的「ecute」職員稱讚：「所長，做得太好了！」其實客訴處理的重點只有以下三個：

- **複誦對方的話，並低頭致歉**
- **不反駁，讓對方說話**
- **告訴對方店裡有保存收據和資料，很容易求證。**

按照這三個重點來處理，對方很快就會露出破綻。不逃避、冷靜以對，奧客就會自己落荒而逃。

但並不是所有的投訴者都是奧客。關於這點，需多加注意。**值得感謝的顧客抱怨，與不講理的奧客，兩者之間的差異很大。**

曾有位女性顧客打電話來抱怨「御飯糰硬得咬不動」，經調查發現，冷藏展示櫃的溫度被設定為五度，溫度過低，飯粒當然會變硬。

我們向顧客告知這件事，並跟她說：「除了退費，我們還想支付您撥打電話的費用，無論什麼時間都可以，請您務必過來一趟。」

過幾天，顧客來到店裡。她說：「我沒想到你們會有這麼好的服務，我原本很猶豫，只為了一個御飯糰，打電話來抱怨好嗎？幸好有跟你們連絡。」

她一定是在猶豫「只為了一個御飯糰就打電話來抱怨，像奧客一樣，還是不要吧！」

即使如此，她還是鼓起勇氣打了電話。要感謝這位客人，我們才不用處理其他顧客抱怨，也更注意冷藏展示櫃的溫度設定。

要衷心感謝並真誠處理顧客的抱怨

有些顧客為了店裡著想，才會直接向員工表達意見。因此，我也會確實讓兼職人員、工讀生了解，值得感謝的顧客抱怨，與不講理的奧客是不同的。

如果客人只是為了告知「前一陣子發生這種狀況，請多多注意喔！」而特地來到店裡，員工卻劈頭就問：「您是何時購買的？有帶收據來嗎？」相信無論是誰都會火冒三丈吧！

為了避免這樣的事發生，我除了讓兼職人員、工讀生能夠分辨值得感謝的顧客抱怨與不講理的奧客不同，也交代她們：「如果顧客有什麼抱怨，請先向顧客表達『我們感到萬分抱歉』，並馬上請主管過來。」

第3章

把職場的相遇，轉換為你一生的機會！

No. 11

工作覺得不愉快時，請讓自己笑著說：「我不愉快。」「笑」可以轉換不愉快的心情，難過、消沉的時候，不妨笑一笑！

笑一笑，心情自然會覺得愉快

「樂在工作。」是我的座右銘，但難免在工作上仍會有不愉快的時候。這時就大聲喊：「我一點都不高興！」然後笑一笑。

以前有一種玩具叫做「哈哈笑袋」，按壓布袋中的機械式按鈕，袋子就會突然發出「哇哈哈」的笑聲。

一開始會覺得「怎麼回事？」袋子連續發出笑聲，聽著聽著，不知為何就覺得可笑，於是笑出來。

我不是專家，但我曾聽過人類的腦部存在著一種機制，「只要笑一笑，腦部就會覺得愉快」。

據說笑可以讓腦部分泌使人心情愉快的血清素和多巴胺等物質，於是我們的腦部反而會誤以為自己「很愉快」。俗話說：「笑口常開，福氣自然來。」每天笑著過日子，才能擁有快樂幸福的人生。

當我們在工作上有什麼不愉快，或是感到消沉沮喪，騙自己也好，試著笑一笑吧！

遇到討厭的事，請笑著說：「怎麼都是討厭的事啊！」

許多男性都會抗拒這樣的觀念，他們說：「都這種時候還笑得出來？」「再怎麼辛苦，也要在工作上表現專業。」

人畢竟是有情感的動物，無法像機器人工作那樣沒有心情起伏。如果笑一笑就能讓情緒變得正面，心情也變得輕鬆，那就乾脆地笑出來。

以前我曾聽過某個人在演講中這麼說：「工作辛苦是理所當然的。最近有很多人都想要快樂地工作，這樣的想法大錯特錯，工作不可能是愉快的。」

我的看法與他完全不同，但我不認為他是錯的。

有很多人不認為工作要愉快，但卻為了家人而打拼。像他們這樣忍耐，做著不想做的工作，我並不想去否定。因為我自己也曾在工作上遇過許多討厭的事。

如果我在工作時抱持著負面情緒，想著「真不愉快」，就會覺得精疲力盡，所以我不會去做自己討厭的事。

一旦遇到什麼討厭的事，我自然就能笑著說：「怎麼都是討厭的事啊！」對討厭的事情一笑置之，才會輕鬆愜意，變得積極正向。

能夠笑著展現正面積極的態度，才能看清事物的本質。

當我們察覺到自己在埋怨「為什麼只有我會遇到這種事？」才能做到「不再犯同樣的錯誤」而有所成長。

這樣才會覺得自己「上了一課」，心情自然會放鬆。

如果學會笑著轉換自己的心態，不管工作再辛苦，或遇到多麼討厭、不合理的事，我們都能樂在其中。

做到這點，就能達到真正的放鬆。

笑可以為我們帶來莫大的效果。

即使覺得莫名其妙，不如跟著「哈哈笑袋」一起笑一笑。

No. 12

你可以說：「請讓我抱怨三分鐘，時間一到我就停止。」使負面情緒隨著時間的沙漏一起消失吧！

「抱怨三原則」，抱怨要看人說

讓人意外的是，有很多人都認為在職場上「不可以抱怨」。但唯有具備崇高人格的人，才能將討厭的事全藏在心裡，整理自己的情緒，喜怒不形於色。

我認為，與其將「討厭」、「生氣」等情緒放在心裡無法紓解而苦悶不已，還不如**把抱怨說出來，讓自己心裡舒坦，才是健康的做法**。

因此我訂定「抱怨三原則」。

★一　向不會洩密的對象抱怨（好友、先生或是太太等）。

★二　只能抱怨三分鐘。

★三　要笑著抱怨（或是抱怨完畢要笑）。

第一個原則是，**向不會洩密的對象抱怨**。

向很多人抱怨，不久後難免會聽到流言，「那個人在背後那樣說。」所以我們要抱怨也挑選絕對不會洩密的對象。抱怨的最佳對象，我想是好友、先生或是太太等人。

第二個原則是，**只能抱怨三分鐘**。

聽別人沒完沒了的抱怨，不管是誰都會感到厭煩吧！

一旦有人肯聽，就盡情抱怨，這樣是沒人願意聽你的怨言的。

為了避免這樣的情況發生，要將抱怨的時間訂為三分鐘。當我們熱衷於某個話題，會不知不覺忘記時間的流逝，因此我建議可以放置**一個沙漏**。

翻轉沙漏開始抱怨，讓負面情緒與沙粒一同掉落。

對我來說，翻轉沙漏，再開始抱怨，已成為一種**遊戲**。該如何在沙粒完全掉落前結束話題，我樂在其中。

最近我甚至會思考「要如何做出精彩的結尾，抱怨會更好。」

如果無法在三分鐘內結束，我會說：「對不起，可不可以再給我三分鐘，讓我把昨天的事抱怨完？」接著講完。

抱怨最後的必要總結——「太奇怪了，真的很好笑！」

第三個原則是，**要笑著抱怨**。

一般在抱怨時，說「有一件很討厭的事…」「他真是討人厭啊…」心情就會變得沉重。

在沉重的氣氛下抱怨，心中的忌妒、怨恨以及猜忌等情感會更強烈，情緒也會更低落。

這樣的抱怨乾脆不要說，因為內容是負面的，所以才要笑著抱怨：「為什麼我一定會碰到這種倒楣事？真奇怪。」

就算不覺得奇怪，最後也一定要說：「太奇怪了，真的很好笑！」就算是勉強，說出：「哈哈哈！」彷彿可以釋懷。

如此一來想法也會變得正面，因為根本沒必要為這種無聊事煩惱，無論如何一定會有辦法解決的。

像這樣有原則的抱怨，不會給別人造成太大的困擾。藉由負面情緒的宣洩，能讓我們的想法轉為正面，可見抱怨也不是那麼不好的一件事吧！

相反地，強忍著不說出怨言，在心中累積負面情緒，會讓我們的心生病。有些男性認為「向人抱怨，不像個男子漢。」因此下定決心絕不在家人面前抱怨或示弱。

如果你先生是這種類型，那麼做太太的一定要問：「**今天在工作上有沒有遇到什麼狀況？**」

不妨這樣跟剛從公司回到家的老公說：「**我先聽你抱怨三分鐘，然後你也聽我說三分鐘。**」展開對話。

這樣既可宣洩彼此的負面情緒，又能培養夫妻感情，真是一舉兩得。

No. 13

反省但不後悔。分析失敗的原因，立刻釋放負面情緒。

反省與分析，立刻轉換心情

遭遇挫敗時，重要的是，別再犯同樣的錯，不要陷入自我厭惡或自尋煩惱。我的座右銘是：**「反省但不後悔。」**

後文會提到，我在擔任所長期間，曾因聘僱問題被告上法院，受到公司的申誡處分。我在人員錄用方面的確沒做好，卻沒想到會遭受這麼嚴厲的處分。

周遭的人們都說：「再怎麼說，這個處分也太重了些。」

但我不怪公司。

站在不同的角度來看，申誡處分可以算是一種**員工勳章**。

有位主管跟我說：「你終於拿到勳章了呀！我們每個人也都有喔！公司很常發勳章。」

於是我也笑著回答：「是啊！我總算能獨當一面了呢！」

因為被告上法院，才讓我發覺，隨便錄用員工會帶來麻煩，知道我不能再犯同樣的錯。

我的員工們也都上了一課。

部門在面試方式有了改變。如果無法確定人選是否合適，即使人力不足，員工還是能堅持立場，不錄取不適用的人選。

這樣就只會招來好人才，成為可以愉快工作的職場。

無論是被告或遭受處分，都正面積極思考，「這件事讓我上了一課，真是太好了。我很感謝。」

「心靈開關」轉換術——別認為是自己的錯

有時我們會遭受無來由的指責。

這時候，我會用一種方式來轉換「心靈開關」

按照這個方式，一、兩天就能轉換心態，最長也不會超過一個星期。

轉換一　把對方想得很可憐

被他人中傷，很令人生氣，但因為這樣的人難過並沒有意義。所以我會將對方想成，「只能以這樣的方式與人往來，真是可憐。」將對方想成「可憐人」，就不會再心煩。

轉換二　別認為是自己的錯

「被他人中傷，原因出在自己。」我們會反省是一件好事，但太逼迫自己，反而會讓自己的心生病。

因此我會想「為那樣的人而難過就輸了。」「我不想因為那樣的人浪費掉寶貴的時間。」讓自己不再耿耿於懷。

當自己不小心說出傷人的話，對方或許不會一直放在心上，但自己卻會不停地煩惱。

再怎麼懊惱「我為什麼會說那樣的話？」你的想法也無法傳達給對方。對方懷恨在心，而你懊惱「我為什麼說出那樣的話…」也不能解決任何問題。耿耿於懷只是浪費時間。

請轉換自己的心態，「這件事讓我上了一課。以後我不會再說同樣的話。」正面積極地思考。

轉換三　隔一段時間，回頭審視自己犯的錯

當我們怒氣平息、恢復冷靜，就能認清事實。「我這點不好，所以別人才會那麼說我吧！」看清自己的問題所在。

分析並重新審視自己的缺點，採取正面積極的態度，將整件事情當作是「上了一堂好課」。

罹癌癌症，但我不後悔

我的健康狀況在二〇一二年八月底出現問題。

我肚子餓，但吃完食物卻很不舒服，因此讓我害怕吃東西，過了一段時間，反覆出現便秘和腹瀉等症狀，合併大量血便。

後來我接受大腸內視鏡檢查，在乙狀結腸的部位發現大腸癌。

被診斷為腸阻塞，直接住院，預計一週後進行手術。

因為當時不知道要住院多久，也不知道是否有轉移到其他器官，突然聽到罹癌，我和家人都擅自認定「或許只能撐一年」。

腫瘤是「雞蛋大小」，醫師們覺得並不樂觀。

一開始聽說是癌症，我心中浮現的想法是「為什麼是我」。

這念頭一旦出現就沒完沒了，所以我有試著轉換自己的心態。

因為自己平時總是豪邁地說：「我就算明天死掉，也沒關係。」如果就這麼消沉下去，不就言行不一。

雖說如此，但有一次我幾乎要流淚。

當時心想，躲在棉被裡哭一哭，就會輕鬆一點。

住院第二天的那個夜晚，我開始這樣想：

「要是現在就哭，那麼到死為止只能過著流著眼淚的日子。現在就哭，以後就沒辦法忍住不掉淚！所以我不能哭。」

我忍住沒哭。

要是哭了，我只會一直活在後悔中。

我的座右銘是**「反省但不後悔。」**

我確實是有該反省的地方。

我沒有好好照顧自己的身體。雖然有做公司提供的一般健檢，卻不曾接受過更進一步的檢查。

這一點要改正，但是我並不後悔六年來的辛勤工作。

我的腦海中浮現「不能看到現在八歲的孫子升上高中，真遺憾。」

但我還有其他孫子。六歲的孫子還要九年才上高中，三歲的孫子則是還要十二年。

我還想活下去，這樣的念頭一直在腦中徘徊不去。

「再想下去就沒完沒了。別想了。」

我就這樣乾脆地捨棄了這些想法。

No.
14

養成不服輸的精神。競爭並不等於不擇手段，而是要在過程中累積經驗，與伙伴產生同理心。

不想認輸，努力享受工作樂趣

想要成長，必須坦率。

但是憑坦率，並不足以讓我們做好工作。

為了能百分之百樂在工作，交出好成果，坦率還**要具備不服輸的精神**。

原因在於，如果我們只是想要讓顧客感到愉快，並無法真正樂在工作。業績輸給別人，會感到不快；商品賣不掉，也會讓人不愉快。

心想著「我不想輸給任何人。」「不希望業績比某間門市還差。」而努力，就無法打從心裡樂在工作，也無法達成大目標。

最近我很少看到不服輸的人。

我在擔任營業部所長時，見過許多年輕員工與工讀生。

他們個性坦率，處事圓融，雖然交辦事情時都會說：「好。」但是當我想讓他們負責重要工作，他們卻會消極地說：「我就不用了，把機會讓給別人吧！」很少有人會馬上回答：「好，我來試試。」挑戰一下。

也許是因為我們都告訴孩子「競爭不是好事。」

或許有人認為，讓孩子彼此競爭，孩子很可憐。因為拼命努力卻還是落敗，會對孩子造成傷害。有些人則不希望孩子，為了獲勝不擇手段。

這些都是成年人的看法。**孩子原本就喜歡競爭**。

就算比賽輸了落淚，也能很快重新站起來。

孩子會想著「下次絕不能輸」而不斷努力。透過這些經驗的累積，孩子會成長為一個不服輸的人，對許多事物進行挑戰。

在競爭中累積經驗

覺得「輸了很可憐」，等於在剝奪孩子參與競爭的機會，孩子會沒有任何從失敗中重新站起來的經驗，就這樣長大成人。

如果生活中從來沒有競爭，長大**出社會，每天卻變成要面對許多競爭**。

沒有人可以逃避競爭，也沒有辦法在所有的競爭中取勝。每個人總有一天一定都會嘗到「在競爭中落敗」的滋味。

如果沒有不服輸的精神，很難從失敗中重新站起來，也無法為了不落敗而全力以赴，只會一直輸下去。

為了要在競爭激烈的社會生存，我們要**讓孩子在競爭中累積經驗**。

勝出，就能嘗到勝利的喜悅，並體認到努力、夥伴的重要性。若是落敗，則可感受到落敗時的不甘心，也能體會落敗者心痛的感覺，甚至還能讓孩子察覺，朋友與家人的支持打氣多麼令人感謝。

孩子並不會因為競爭就變成一個不擇手段、令人討厭的人。

反而會成為一個**能夠對他人的痛苦感同身受，並且對身邊的人充滿感謝的孩子。**

競爭意識與同理心是可以並存的。

我要的員工是「坦率不服輸的人」

我在面試時，尋找的是**「坦率不服輸的人」**。

這句話是我直接從三寶樂啤酒（Sapporo Beer）的寺坂史明社長那兒聽來的，我很喜歡這個說法。

我們可以從某些人的表情或行為中，看出他們不服輸的個性，但這樣的人往往太過好勝又不夠坦率。

如果希望員工把工作做好，就要找到平日雖然坦率且隨和，但內心深處卻**潛藏著競爭意識的人**。

我已經能相當準確地找到好人才。

如果對方是學生，我注重的是**課業之餘是否熱衷於任何事物**。

因為對某項事物投注熱情、樂在生活，或者假日過得很充實，這種人往往會在工作上盡心盡力。

平時有在運動，是不服輸的人。

愛好運動的人，應該會有不希望在比賽中輸給別人的想法。就算是作為休閒活動的滑雪等不須競爭的運動，也會認為既然要滑「就要滑得漂亮一點」，應該沒有人心想「就算沒進步或被別人嘲笑也無所謂」繼續練習吧！

您或許會認為這樣的想法太過簡化，但是在運動方面執著於勝敗的人，可能擁有坦率、有毅力，具備不服輸的特質。

參加運動社團的學生，總是比較能順利找到工作，背後或許有著這麼令人意外的理由。

No. 15

「感謝」才能產生認同，互相幫助。主動開口道謝，職場氣氛才會融洽。

為顧客著想的心意

日本餐廳集團NRE的大宮營業所，負責管轄鐵博內部的門市與餐廳。鐵博是日本鐵路博物館的簡稱，於二〇〇七年十月十四日開幕。鐵博的門市與餐廳，一開始是由總公司的飲食營業部所管轄，後來在二〇一〇年七月才改由我擔任所長的大宮營業所來管轄。

開幕當天來了一萬多人，鐵博的門市人潮洶湧。來館人數超過預期，鐵路便當很快銷售一空，我決定用腳踏車將原本要在大宮車站販賣的便當，搬到鐵博來賣。

但當時鐵博負責人的反應讓我大感意外。

他認為如果拿便當來賣，剛才沒買到便當的顧客，就會抱怨「剛剛不是說賣完了嗎？我沒買到……」所以他認為不要把這些便當送過來。

他大概是覺得，鐵博內部有餐廳，既然鐵路便當銷售一空，那麼顧客可以在餐廳用餐。

我認為**想吃鐵路便當與想在餐廳用餐，是不同的感覺**。若是抱持「好想吃鐵路便當啊！」坐在餐廳裡用餐，不僅餐點變得不美味，也不會感到滿足。

我還是照我的想法，繼續將便當從大宮車站搬到鐵博來賣。

大宮營業所的員工看到我這麼做，就說：「所長，你不用幫她們送過去啊！就算你這麼做，業績也不會變好。」

因為想幫忙，才會送便當過去，沒想到對方不但不領情，還說「不要這些便當。」叫我不要送的員工，她們的心情我也不是不能理解。

但我還是告訴她們：**「你們在說什麼？我不是為了鐵博的負責人，也不是為了門市，而是為了客人才送便當過去。」**

後來員工理解，都過來幫我。

但我一直感覺不到她們願意積極提供協助。

開口道謝能縮短彼此的距離

日本鐵路博物館在二〇一〇年七月歸屬大宮營業所管轄，大宮營業所員工的態度依然沒有改變。

負責鐵博門市的熊谷經理抱怨：「有所長在，他們才會送便當過來。」大宮營業所的員工則反駁：「我們為什麼一定要幫鐵博送便當過去啊！」即使我出面緩頰，告訴她們：「這不是為了鐵博，而是為了客人才送便當過去。」還是改變不了她們的地盤意識，我無法拉近大宮車站員工與鐵博員工之間的距離。

由於鐵博的來館人數很難預測，鐵路便當的進貨量與銷售量之間的差距，也是造成雙方交惡的原因之一。

她們對眼前的事情太過計較，忘了彼此屬於同一個團隊，缺乏整個團隊的危機意識。

有一天，鐵博的熊谷經理向我抱怨：

「大宮車站的規模比較大，應該要照顧規模比較小的鐵博。所長和我兩個人這麼打拼，如果其他員工也肯幫忙就好了。」

我說：「是啊！但是你說這種話，是沒有人肯幫忙你的。你要思考該怎麼說。**只要一句話，就算是演戲也好，你要主動開口：『謝謝你一直以來的協助。』你要向大宮車站的員工低頭道謝。這麼做，對方就會有所改變。」**

「規模較大的大宮營業所，理應要照顧規模較小的鐵博。」這種話說出口，是沒有人會願意幫忙的。就算你再有道理，人家也不會照著做。

想要讓別人照著你的話去做，請多講一句：**「謝謝你一直以來的協助。」**聽到「謝謝」無論誰都會樂意幫忙！這麼一來，自己工作起來一定也會變得輕鬆。

因為我知道熊谷經理在工作上很盡心盡力，才會希望他能察覺到自己的想法是錯的。如果他想要讓別人照著他的話去做，必須學會該怎麼說話，我認為他可以把工作做得更好。

熊谷經理並不是立刻改變。

因為他覺得自己是對的，所以沒辦法先讓步。

即使如此，我還是不放棄，好幾次都笑著跟他說：**「你要試著主動開口說：『謝謝』要不要跟我一起練習呢？你說一下『謝謝你一直以來的協助』。」**

後來過了一個月左右，熊谷經理終於主動說出「謝謝」。

一開始他非常彆扭，但是在幾個月後終於坦率地說出「謝謝」。

後來他的工作態度就不一樣了。

我認為**他能主動說出「謝謝」造成他的重大改變**。

大宮營業所的員工在聽到「謝謝」兩個字之後，也開始轉變。

後來雙方都對團隊產生認同感，在工作上相互協助。

No. 16

「地點」不是業績不好的原因。請把你的店面，當成世界的中心，全力以赴！

業績快速成長的祕密在員工的向心力

我認為**自己所在之處是世界中心**。

在上野兼差的時候，曾公然宣稱「上野是世界的中心」。這樣的想法雖有些自以為是，但能不能愉快地工作很重要。

被調到大宮營業所後，我常聽到大宮的員工說：「所長，這裡不是上野，所以業績不好啦！」每次聽到這樣的話，我就回答：

「不試試看，怎麼知道不行呢？試了之後，也許業績就變好了呢！」

我又說：「我最討厭有人『因為不是上野』、『因為不是東京』就退縮。把自己所在之處當作是世界中心、最好的地點，不就好了嗎？」

如果自己不認為「我所待的地方是最好的地點」，那麼無論過多久，都還會覺得「那間店是因為地點很好才會生意好」或是「那裡是因為人潮眾多才賣得好」。

這樣的人要試圖找出業績不好的原因，會以「沒辦法，這裡地點不好」或「這裡人潮不多，我也無能為力」等理由來讓自己放心，然後什麼都不做。

找到業績不好的原因，卻什麼都不做，這樣工作起來沒什麼樂趣。

如果能認為「我真高興自己的工作地點在世界中心」，全力以赴，否則工作就沒有意義。

大宮營業所的業績後來快速成長，到了二〇〇九年，甚至超越上野營業分店。

雖然只多了三萬一千日圓左右，但是當大宮超越原本營收比我們多兩、三成的上野，大家都很高興地說：「我們贏了！真是太好了！」

後來大宮的營收仍持續成長，**二〇一二年的營收比上野更多兩三成**。雖然鐵博加入我所管轄也是原因之一，但就算扣除鐵博的營收，週六、週日的營收仍是大宮所領先。

這是因為大家都**認為「大宮是最好的！」而努力工作，所帶來的成果**。

再熱鬧的地方，也並不是所有人都能賺錢

與東京車站的門市相較，大宮車站的營收當然沒什麼大不了。

東京車站裡面有日營收超過一千萬日圓的門市，光是一間門市的營收就比大宮車站所有門市的總營收還多。若是將東京車站二十家門市的營收合併計算，大宮的營收完全不能相提並論。

但我從不曾羨慕東京車站。

我認為大宮是世界中心，在大宮工作是最愉快的。

當我在各地的演講中說出這番話時，得到許多掌聲。

當我到人口外流區域的店面，有時我也會想：「這樣業績怎麼會好啊！」

但我認為，「**就算是在全日本最熱鬧的東京車站做生意，也並不是所有人都能賺錢**。」

我不認為東京是日本的絕對中心位置。

現在有許多人選擇回到自己的故鄉，也有越來越多的人選擇離開東京，到其他地方展開新生活。這些認為，與其待在東京，居住於窄房，吃著難吃的食物，抱怨著過日子，倒不如搬到其他地方去過心靈富足的日子，才是心中的願望！

選擇回到故鄉大展長才，不就是那些**熱愛鄉土，認真努力的人們**嗎？

將因公出差與私人行程涵蓋在內，日本全國四十七個都道府縣，我至今每一個都親自走訪過。在我看來，東京以外，地方的人們，不僅朝氣蓬勃，工作也很愉快。

令人羨慕的是，他們吃的都是些美食。依照東京「即使不怎麼好吃，也賣得掉」這種標準來做生意，在東京以外的地區，想必商品應該賣不出去吧！

工作時面帶微笑，使氣氛變輕鬆

我曾去過長野縣佐久市的岩村田本町商店街，為銷售相關人員演講。

那是《**日本最有活力的商店街**》這本書中介紹過的地方，商店街的人們做過許多嘗試，像是增設孩子的活動空間或補習班等，附近住戶認為必要的場地，並以便宜的價格將閒置店鋪出租，最後成功讓商店街重生。

當我看到商店街青年部的會長阿部真一先生，就能理解為何商店街能這麼巧妙地重生。

阿部會長滿臉笑容，看起來很愉快。

我當下想「店裡如果有這樣的人，顧客一定能愉快購物！」

我原本就不喜歡在大型超市購物，即使價格稍微貴一點也無所謂，我喜歡到家裡附近的蔬果店或肉舖，愉快地與店裡的人交談，並購物。

但是大宮和現在住的地方，都沒有這類由個人所經營的店鋪，所以我不得不在大型超市購物。

大型超市的確也下了一番苦心取悅顧客，有些顧客是因為覺得愉快才會去大型超市，順便採購生活用品。

顧客應該不只是「因為便宜」，選擇大型超市。

如果是這樣，商店街的人只要讓商店街的氣氛愉快，把不想要「廉價商品」為目標的顧客找回來，商店街就可以起死回生。

我們應該，要讓自己樂在工作。

面帶微笑，愉快地工作，店裡面的氣氛就會活潑起來。顧客會被店裡的愉快氣氛所感染，自然就會想購買商品。

商品本身當然必須有吸引力，但我們終究是靠「人的力量」來賣商品。店員若是愉快又充滿活力地工作，店裡就會招來許多顧客，商品自然會暢銷。

無論食物多麼美味，若缺乏良好的服務態度，我就不想再去那間餐廳用餐。認為就算什麼都不做，客人也會上門，甚至覺得客人愛來就來、愛吃便吃的態度，無論誰都會覺得不悅吧！

某些店，客人因為怕得罪脾氣不好的老闆，小心翼翼地用餐。要是我絕對不想去這樣的店。

就算是不有名的店，每位店員都對客人打招呼，並輕鬆閒聊幾句，是能聚集許多客人的。

用完餐，若有人微笑問：「今天的餐點還合您的胃口嗎？請您務必再度光臨。」會讓人開始想，下次該邀誰一起來。

有些地方的潛在顧客不多，因此回頭客特別重要。即使如此，我們還是要愉快認真地工作。

活力的氣氛一定能傳達給所有同事和顧客。

第4章

接受市場嚴苛的考驗，不景氣就再多努力一點！

No. 17

三倍售價的新商品礦泉水，這樣就可以賣掉！危機就是轉機！

〔收斂的消費，導致經濟萎縮〕

二〇一一年三月十一日，發生東日本三一一大地震。地震過後，鐵博幾乎沒有任何遊客到訪。當時首都圈的電車停駛，由於推行分區供電，所以沒人想到鐵博還在營業！

就算進貨兩百個便當，也只能賣掉二十個左右。生意最差的時候，一整天的營收是七千七百日圓。這個數值大約是平均日營收的一到兩成。當時整個日本都瀰漫著一股自律、不消費的風潮。

我有疑問，「再這麼自律下去，整個日本都要不行了。我們必須讓有錢人大把大把地花錢，企業大把大把地賺錢，再抽出稅金來讓日本恢復元氣啊！」

解救了地震後的危機的「Hayabusa Water」（瓶身造型來自於新幹線 E5 系列車「隼（Hayabusa）號」）

社會萎靡不振，如何盡一份心？

日本三一一地震發生時，正好是鐵路博物館舉辦「Hayabusa～鐵道和宇宙～」展覽期間（二〇一一年三月二日～五月八日）。

那是在二〇一一年三月五日首度公開亮相的新幹線「Hayabusa」以及在二〇一一年六月十三日返回地球的小行星探測器「Hayabusa」的聯合展覽。

新幹線「Hayabusa」在地震前六天開始營運。

新幹線「Hayabusa」若以最快時速三百

二十公里全速奔馳，從東京到新青森全長六百七十五公里，只需兩小時五十九分，因此被期望能快速連結首都圈與東北各城，預約人潮眾多。但卻因為地震停止行駛。

地震後，東北新幹線的所有區間都停止營運，好幾台列車停在車站與車站之間動彈不得。

連結首都圈與東北各地的夢幻新幹線列車，因地震僅僅營運六天就喊停。

「一定要想想辦法。」

於是我著手積極推動自己所想出，但遲遲未能發售的商品「Hayabusa Water」。

「Hayabusa」列車的特色，在於長鼻型的獨特外觀。我想用模仿列車造型的容器中裝入礦泉水販賣，作為「重建的旗幟」。

「大家都因為地震而消沉，所以必須幫大家加油打氣，『Hayabusa』正好適合擔任這個角色。」

我的主管在地震前，對「Hayabusa Water」的推行並不積極。

這個寶特瓶的外型製作費，要花費六十萬日圓左右。如果銷售狀況不佳，損失很大。主管說：「現在營收這麼差，我們沒必要冒這個險。」

即使如此，我還是相信「Hayabusa」是重建的象徵，繼續說服公司。

「現在不做，要到什麼時候才做呢？難道要讓日本就此委靡不振嗎？」

不只是賣水！在市場萎靡下，產品熱銷的祕密

「Hayabusa Water」於二〇一一年五月三日發售。售價為三百七十日圓（含稅）。聽到這個價格，誰都會懷疑自己的耳朵有沒有聽錯。

一般礦泉水的售價是一百日圓左右，我們的定價和一般的售價多了三倍以上。

在開始發售的前幾天，也就是四月二十九日「震災重建起始日」，那天真正的「Hayabusa」新幹線重新重新營運，展開以「連結起來吧！日本。」為口號的震災重建運動。

鐵博的來館人數，在黃金週（日本國內從四月底到五月初的一個連續假期）回復到地震前的水準。

許多遊樂園都暫停開放，大家沒心思進行長途旅行，所以鐵博就成為全家出遊「最合適的地點」。

開發一項商品需要時間，我擔心是否來得及在黃金週前完成，如果是在黃金週之後才完成，也許就賣不掉了，後來總算在五月二日進貨二十箱。

發售前一天，我很擔心銷路，心中充滿了期待與不安。

從第一天開始，「Hayabusa Water」的銷售狀況就出乎預料地好。

五月四日那天，鐵博門市經理很果斷地決定，要進三千四百個便當。

這是從鐵博歸屬大宮營業所管轄以來，最大的進貨量。

鐵博經理根據數據判斷，黃金週假期三連休第二天的來館人數會最多，所以想要賭看看。

結果預測完全正確，「Hayabusa Water」和三千四百個鐵路便當，使鐵博門市當天的營收登上**歷屆排名第三**，創下單日營收**三百四十萬日圓**的記錄。

黃金週過後，「Hayabusa Water」仍持續熱銷，**十個月內賣出了兩萬瓶**。

有人說：**「這一瓶要價三千七百日圓的水，也賣得太好了吧！」**

三百七十五毫升的「Hayabusa Water」售價是**三千七百日圓**（含稅），價格是一般礦泉水的三、四倍，賣得這麼好，的確出乎預料。

我認為「Hayabusa Water」並不只是水而已。

它可以說是**「東日本重建希望的象徵」**。

對鐵道迷而言，它是紀念品，對孩子來說，它是個**玩具**。有許多小朋友會在喝完後拿瓶子來玩。

我想，這就是「Hayabusa Water」熱銷的秘密。

No.
18

讓員工有時間思考，不要填滿員工的工作時間。多餘的時間反而能提升業績。

不要壓縮員工時間，請給員工「多餘的時間」

剛調到大宮營業所的時候，營業所並無專人負責出納，所以主管必須自行處理所有事務。

主管要整理傳票，還要準備零錢、核對收支是否吻合，因此必需長時間坐在辦公桌前，沒有時間到門市現場察看。

我想「這樣的狀態，當然無法站在顧客的立場來思考，也沒辦法設身處地為門市裡的兼職人員、工讀生著想吧！」

正職員工若是忙於應付工作，對兼職人員、工讀生的事就會很冷漠。就算其他員工提出什麼改善建議，也懶得處理，甚至還會覺得「你就乖乖地賣東西就好」。於是造成兼職人員、工讀生認為「反正不管我說什麼，他也不聽。」而心灰意冷。

這種情況在兼職人員、工讀生比例高的職場中，會造成戰力嚴重折損。

因此我另外僱用一位兼職人員，來負責傳票整理、金錢管理等出納工作。

僱用兼職人員來做這些事，一個月的人事費用大約二十萬日圓就可以打發，相較於正職員工三十萬以上的月薪，非常划算。

可能有人會想，既然以前都是由營業主管負責這些工作，那就照原來的做法就好了嘛！營業主管的工作量如果減少，他們只會偷懶打混而已。

我希望**讓營業人員免於整理傳票和管理金錢的麻煩，讓他們有「多餘的時間」**。忙於整理傳票或管理金錢，就沒有必要多做思考，反而養成沒人下指令就什麼也不做的習慣。

這樣無法提升業績。

我讓員工有多餘的時間，可以思考自己要在這段空檔做些什麼，實際採取行動。採取行動的結果，將成為寶貴的經驗，可以從中反省，或者找到創新構想，帶來業績的提升。

「多餘的時間」可以改變員工的工作態度

我希望正職員工能利用多餘的時間去現場巡視。

在大宮車站裡面，有一間叫做「結緣」的御飯糰專賣店。

在我擔任大宮營業所長期間，這家店的店長換了三次。

第一位店長常待在店裡，頗受兼職人員愛戴，所以銷售現場的工作進展順利。

但她因為結婚而離職，於是改由其他職員擔任店長。前任店長時期一切都很順利，我以為不會有問題，但卻並非如此。

第二位店長都在週六、週日生意最好的時候排休，並且拒接兼職人員打來的緊急電話。這樣的狀況維持兩個月左右，我每隔一段時間到「結緣」店裡，會聽到兼職人員抱怨一個小時，都是對店長的不滿。

我提醒那位店長要多加注意，但跟她提過很多次，她仍然故態復萌，最後甚至辭職。

然後就換第三位店長。

過了一個月左右，我在三連休的第一天去「結緣」察看。當時新來的店長休假，我隨口說了一句：「怎麼會在三連休的第一天休假呢？」

讓我驚訝的是，店裡的所有兼職人員都大聲地說：「你不要這樣講。」還袒護店長，「她一直都很認真，只有今天才休假。」

原來，自從新店長來到這間門市，她就**積極採納兼職人員的意見，與她們一同打拼**。

是否有到現場聽取兼職人員的意見，竟會造成這麼大的差別。

以「男人真命苦」系列電影聞名的導演山田洋次先生曾說：「我認為在這世上，有些多餘是必要的。」這句話讓我印象深刻。

數位電影不需要影像技術人員，保存成本較低，確實是高效率。但是他說「膠捲影片有特有的美感與鑑賞方式」。

山田導演還說：「雖然阿寅（「男人真命苦。」系列電影主角——寅次郎的小名）是最多餘的存在，但因為有了這個多餘的存在，大家才會變得快樂。如果拿掉所有的多餘，這個世界就會變得沒有滋味。」

我認為正是如此。

讓員工知道，這個世界上有必要的多餘，員工的想法也就會改變。

我希望員工會自問，工作上是否行有餘力？是否有時間可以自由運用？若是覺得被工作壓得喘不過氣，可以想一想，「我一定要騰出一些空檔時間。」

這樣他們就可以在工作上思考，自己該利用空檔時間做些什麼。

這樣一來每位員工都會有所成長，團隊合作也會變得更好。

在工作上有多餘的時間，工作會更好。

No.
19

顛覆常識的商品開發，引爆暢銷商品大賣的秘訣！

商品基本款與變化的開發經驗

招牌便當是便當店賣最好的商品。

招牌便當會帶給顧客安心感「選這個一定沒問題」。

因此，若想開發新的暢銷商品，就必須掌握「招牌便當」的賣點，**給人不惜捨棄常識也要嘗試吃看看的強烈印象**。

我開發的鐵路便當，基本上都是將吸引人的菜色鋪在飯上這樣的形式。擺上米澤牛、黑毛和牛，或是海膽等食材的便當，讓人印象深刻，顧客也容易購買。

我在電視或報章雜誌的採訪與演講有提過「鐵路便當的開發故事」。

「如果向一百個人推薦在飯上鋪鯖魚的鐵路便當，大概有五個人會滿意這個便當。

搜集二十款讓五個人都滿意的便當，那麼應該可以使一百個人都覺得滿意。

能開發讓一百個人全都滿意的便當，當然最好，但那是不可能的。因為在一百個人中，有些人討厭吃肉，有些人討厭吃魚。即使準備再多菜色，做出最豪華的便當，也只有少數人會喜歡所有的菜色。」

以我向顧客推銷無數個便當的經驗，以及與廠商合作開發便當的經驗，我對自己的觀察有**絕對的自信**。

不服輸精神，開發暢銷商品

有一天，發生了一個小插曲，完全改變我的商品開發策略。

我有一次看電視的時候，看到某百貨公司的便當開發負責人說：「綜合類型的便當賣得不太好，反而只有擺上肉類的便當這種只擺單一菜色的做法，會讓人印象深刻，特別暢銷。」

「啊？這算什麼？抄襲嗎？」

我心中頓時浮現了不服輸的想法。

「好！既然大家都知道哪一種便當會暢銷，那我就要反過來，做幕之內（綜合）

便當！」

我收回以前所說的話，著手開發幕之內綜合便當。

雖說如此，如果我只是做出「普通的幕之內綜合便當」，我認為不會有人想要選購，所以我的新便當要具備明確的特色，鎖定目標客群。

於是我決定製作**「飯量減半的幕之內綜合便當」**。

人過了五十歲，會越來越想要少量地享用美食，重質不重量。而且，有一些人會在坐火車的時候飲用啤酒等酒類產品。這個時候需要，可作為下酒菜的菜色，及少量的飯。

我將便當開發工作委託福島縣郡山市的廠商「福豆屋」。

基於食品安全與成本的考量，許多便當廠商都會使用經過殺菌處理的冷凍食品。但追求美味的福豆屋，則是盡可能在便當盒裡放進手工製作的菜色。

我認為交由福豆屋負責，可以製作出我所期望的幕之內綜合便當。

因為，地震引發的核電廠事故，福島縣大受打擊，我希望能為他們加油打氣。

福豆屋所製作的幕之內綜合便當，菜色相當豐盛。

但我覺得少了點特色。

「把飯量減掉三分之一吧！」

我從所有的菜色中選出三種，擺進減飯的空位，於是完成一個色彩豐富、配色均衡的便當。

第一個幕之內綜合便當製作完成，取名為**「福之島——大人幕之內」便當**。

減少飯量＋多樣化食材

同一時期，我們還製作另一款幕之內綜合便當。

青森縣五所川原市的「津輕惣菜」公司，爭取到我們幕之內綜合便當的開發工作。社長下川原久恭先生是個很特別的人，我還沒向他表明「飯量要少一點」，他就已經自動把飯量減為一百三十公克。

一般便當飯量有二百二十～二百五十公克，所以他把飯量大約刪減一半，變成只剩一個御飯糰大小的量。

津輕惣菜公司的員工，原本認為「飯量減少這麼多，會賣不出去吧！」

但是下川原社長卻說：「減少飯量，增加等量的配菜，這樣的便當我才喜歡。」津輕惣菜的幕之內綜合便當裡面，有許多市面少見的菜色。下川原社長還親自為我們手寫菜單。菜單上面有簡單的說明，閱讀起來就讓人覺得很有趣。於是「平常的津輕幕之內綜合便當」就這麼製作完成。

兩款商品，不同定位

這兩款幕之內綜合便當，在二〇一一年七月十五日同時發售。

由於便當定價最好是在一千日圓以下，因此我們將「福之島―大人幕之內」售價訂為九百日圓（含稅），「平常津輕幕之內便當」是八百日圓（含稅）。

原本我們並未打算同時發售兩款便當，只是商品開發時間碰巧撞期，演變成「既然要賣，就在同一天盛大開賣吧！」

商品名稱也是偶然剛好取名為「大人」和「平常」，正巧成為對比，門市人員可以跟顧客說明**「我們有『大人』和『平常』兩款不同的幕之內便當喔！」**便當的內容物，一個是奉行幕之內正統路線的「大人幕之內」，另一個則是具備津輕地方特色的「平常幕之內」，完全不同。因此，我們可以向顧客介紹：**「雖然兩個都是幕之內，但口味完全不同喔，『平常』的味道較為濃厚，您要不要各帶一個。」**

這兩款幕之內便當裡，都沒有偷工減料的菜色。我們沒有放入裝飾便當的難吃菜色，只有好吃的食材在裡面。所以試吃過的員工都說：「你吃了就會知道，真的很好吃喔！」因此，這兩款幕之內便當都為我們增加營收。

註：日本的「幕之內便當」類似台灣的招牌便當，每家廠商都有不同菜色。據說是起源於日本江戶時代，看戲的人在中場休息時間所吃的飯。因為戲台上的幕在這時會拉下來，因此得名。

No. 20

鐵道與希望連結。展望三十年後的未來開發的限定版鐵路便當。

標榜「懷舊風格」，無法滿足顧客喜新厭舊的口味

東北新幹線在二〇一二年六月，迎接大宮車站開業三十週年。在「新幹線開業週年」的日子，我們都會舉辦紀念活動。日本餐廳集團 NRE 決定發售數款紀念版鐵路便當。

於是我委託福豆屋為我們開發幕之內便當。

由於福豆屋「大人幕之內」賣得很好，因此打算推出好吃的幕之內系列商品。

福豆屋很快就接下這項委託。老闆娘小林文紀小姐說：**「既然是三十週年紀念，那我們就來製作能熱賣三十年的鐵路便當。」**真是讓人開心。

紀念版的鐵路便當，一般大多是依照開業時的菜單，來製作懷舊便當。

福豆屋的老闆娘說：

「**我不希望只是製作懷舊便當**。這樣的便當就是因為不好吃，顧客的評價不高，

所以才不再生產。若是推出懷舊便當，或許公司內部會感到懷念，但**顧客不會喜歡。**」

我贊成老闆娘的意見。

並不是懷舊便當不好，只是當時正值三一一地震時期，不是緬懷過去的時候。正因為是這種時候，我們更應該要**以三十年的未來為目標，盡力將現在可以做的事情做好**。

福豆屋完成的便當，水準很高。

雖然食材與以前並無不同，但在調味上格外用心。

他們在烤鮭魚時「不使用時下流行的鹽麴」，而是追求食物的原味。

如同我的期望，福豆屋製作出前所未有的「未來便當」。

註：鹽麴是一種日本調味料，以米麴、鹽發酵而成，類似台灣的酒釀，但味道很鹹。

〔希望如鐵道，無限綿延〕

讓我們傷透腦筋的是如何為這款便當命名。

福豆屋表示，想取名為「福幕之內」但我覺得「福幕之內」念起來不順口。

相較之下，「福福幕之內」就順口多了，而且可以寫：**「燦爛的笑容，滿心的幸福。福福幕之內。」**這樣的廣告標語。

但連用兩個「福」字，看起來有些頭重腳輕。

於是決定以平假名標示為**「ふくふく幕之內」**。

雖然總算決定取名為「**ふくふく幕之內**」，但是福豆屋與我都想使用福島的「福」、福豆屋的「福」，以及幸福的「福」的福字，我們始終不肯放棄。

眾人集思廣益，想到**可以反向操作，在平假名「ふくふく」的右側以漢字標註「福福」**。

這麼一來，我們可以對顧客說：**「『ふくふく』的『ふく』是幸福的『福』**，

這個便當非常好吃，吃了會讓你有兩、三倍的幸福。」

便當的組成和名稱都定下來，還沒決定的只剩下包裝。

紀念版鐵路便當的外包裝設計，大多是以新幹線或列車圖樣為主，但是一般人對這樣的包裝都不喜歡。我們特地製作美味的便當，卻因為包裝只有鐵道迷會選購，這樣豈不是沒有意義。

於是我決定將新幹線火車的照片縮小，在空白處放上廣告文案：

新幹線開通。

人們來來往往，鐵路連結各地，轉眼三十年。

希望如鐵道，無限綿延，

大家同心協力，迎向未來。

我在祈願福島等災區，能夠展望三十年後的未來，早日完成重建，自然浮現這些句子。

「**ふくふく幕之內**」就這麼製作完成。在二〇一二年六月九日發售，順利提升

營收。這都要歸功於「大人幕之內」讓許多顧客對福豆屋便當的美味認同的緣故。

如果每一位享用「**ふくふく幕之內**」的顧客，都能像便當「未來三十年」的含意一樣，為日本的未來著想，我相信災區必定能重建，**希望如鐵道，無限綿延**。

No. 21

要做到「最好」，而不是「比較好」。衝業績一定要拿出超熱賣商品！

日本鐵道迷便當，如何開發？

您知道日本的「一號火車頭」嗎？

一八七二年（明治五年）十月十四日，銜接新橋與橫濱的日本第一條鐵道開始營運。

當時日本還沒有能力製造蒸汽火車頭，引擎是由英國進口。為配合開業準備的蒸汽火車頭共有十臺，其中一臺是一號火車頭。

對鐵道迷或喜歡交通工具的孩子來說，這臺火車頭相當特別，在鐵博很受歡迎。

我很久以前就想製作以蒸汽火車頭為餐盒造型的便當。

以前日本有以蒸汽火車頭為造型的便當，餐盒是以陶器製成。可是陶器很沉重，還可能不小心打破。

即使如此，這一款陶瓷便當依然暢銷。所以我想「如果把陶瓷餐盒改成塑膠製，應該會賣得更好。」

這時候，熊谷經理跟我說：

「如果製作以一號火車頭為造型的便當，我想應該會在鐵博造成熱賣。所長你怎麼想呢？」

「真是好主意！一定會暢銷的。」

「我也這麼想。」

「那就趕快找廠商幫我們做吧！裡面要放什麼菜色？售價要訂多少呢？」

我們立刻討論起來。

主管聽到我們要開發「一號火車頭便當」，他說：「是誰叫你們做這種無聊事的？馬上給我停止。」因此暫停。

開發新商品的確會伴隨著風險。

想要製作塑膠容器，就要有模具。製作一個模具大約要一百二十萬日圓，盛放食物的餐盒與盒蓋各一個模具，因此這兩個部分要花二百四十萬日圓。

但我不放棄。

新幹線所推出的「E5系隼號便當」是以隼（Hayabusa）號列車為造型，一天

大受好評的「一號火車頭便當」

可賣出五十個左右，所以我有把握「一號火車頭便當」可以賣得更好。

但是我跟主管提過好幾次，他還是堅持覺得「不行」。

絕不能讓廠商獨自承擔所有風險

當時我打算要去尋找可為我們製作便當的廠商，熊谷經理已經跟松川便當店的林社長談過，說好要由他們來製作。

「這件事很有趣，請交給我們負責。」

林社長這麼說，模具費用也由他們負擔，他們會開發出新的鐵路便當。

雖然令人高興，但我認為絕不能讓松川便當店受到損失。讓廠商獨自承擔所有風險的做法是不行的。

製作「一號火車頭便當」，必須支付列車設計的版權使用費，加上二百四十萬日圓的模具費用，若沒賣掉五萬個便當就不合利潤。

我立刻開始計算。

假設在大宮車站一天可以賣掉十個，那麼一個月三百個，一年大約是三千六百個。週六、週日分別還可以再多賣二十五個左右，所以週六、週日合計為五十個。一年有五十二週，所以大概是二千六百個。再加上每年舉辦活動可以多賣五百個，因此，大宮車站一年應該能賣掉六千七百個左右。

鐵博的銷售數量，肯定是大宮車站的好幾倍。

若是能售出與新幹線列車「E5系隼號便當」相同的數量，一天五十個。以大宮車站的三倍銷售量來估計，僅在大宮車站與鐵博，一年就能賣掉兩、三萬個。

這樣一來，松川便當店就會有利潤。

我下定決心**「無論如何都要在兩年內賣掉五萬個便當。」「為了替我們承擔風險的松川便當店著想，我們要大賣特賣。」**於是把「一號火車頭便當」的開發工作委託給松川便當店。

「大人、小孩都喜歡，便當銷售成功的秘訣」

以一號火車頭為造型的便當盒完成之後，熊谷經理掩不住興奮地向我展示「你看看，是不是很棒！」

我很感動地說：「這個絕對會暢銷。」

由於成品做得實在太好，我們接受松川便當店的建議，將便當裝在特製的透明塑膠盒裡面。

使用可透視的包裝，讓顧客能一窺全貌。

「一號火車頭便當」售價一千二百日圓，在二〇一二年十月六日發售後，**連續好幾天都銷售一空**，成為**超熱賣商品**。

我在店裡，常會被顧客問到：「火車頭便當賣完了嗎？」如果賣完，顧客不買其他便當，直接掉頭就走。

顧客幾乎都是來買「一號火車頭便當」。他們並不是想吃便當，而是想要火車頭造型的塑膠容器，所以才會來買。這是一號火車頭便當與其他鐵路便當的最大不同。

顧客並非是「因為肚子餓，才從幾款便當裡面，挑出一個自己喜歡的」，是**「無關肚子餓或不餓，是因為想要才購買」**。

對孩子來說，一號火車頭的塑膠容器，當然很有吸引力，對已經成年的鐵道迷而言，它也是很有魅力的模型。

會購買「一號火車頭便當」的人，並不僅限於有小孩的人。

儘管餐盒內是針對孩童的菜色，成年人仍會選購。

要開發能造成熱賣的鐵路便當，就必須製作**大人和小孩都會喜歡的便當**。什麼樣的便當會讓成年顧客願意購買？什麼樣的便當會讓人覺得物超所值？要去思考這些事。

像鐵博這樣的地方，許多顧客都會帶著孩子來，當然要有孩子喜歡的便當。**成年人會想要買給孩子的便當**，這種便當才是增加營收的重點。

所以我對另一款與「一號火車頭便當」同時發售，只有在鐵博才買得到的午餐盒，堅持自己的想法。

鐵博經理想推出的是兒童餐，但我推翻他的意見，決定製作**無論大人和小孩都會喜歡的午餐盒**。

用於盛裝午餐盒的束口袋，我選擇了**成年人會喜歡的圖案設計**。

束口袋不同於包裝，並不會馬上就被丟棄。幾乎所有的客人都會把束口袋留下，當作來鐵博的紀念。

有些人會把束口袋當作便當袋或置物袋，如果採用針對孩童的圖案設計，成年人就不會拿來使用。

目標客群無論是孩子或大人，**掏錢的都是大人**。

如果不是**讓大人一看到就想購買的商品**，很難增加營收。

No. 22

因為害怕賣不出去，而不敢進貨？掌握關鍵數據，就可大膽一搏！

擔心丟棄量，就不敢大量進貨

想要增加營收，必須開發具有吸引力的商品。有時甚至要在進貨時放手一搏。我會在黃金週、三連休，或是暑假等重點熱賣時期，基於「即使丟掉一部份商品也無妨」為前提，大量進貨。

鐵路便當的進貨方式因人而異。

舉個例子來說，從未待過門市的人員，不會想「如果是這樣的量，我可以賣光。」這樣的人進貨會小心翼翼，不敢放手一搏。

鐵博門市的熊谷經理就屬於這種小心謹慎類型。他總是少量進貨，所以便當每天都銷售一空。

這是因為前任主管一直嚴格囑咐「不准丟掉任何一個便當」。

目前鐵博可以把多餘的便當拿到大宮車站販賣，但在前任主管時期，沒賣完只能丟棄銷毀，所以不得不謹慎。員工養成這樣的習慣，難怪不敢大量進貨。

看到鐵博門市的進貨狀況，我認為「要想想辦法」。

零丟棄確實是很好的一件事，但是在我看來，平時有二%左右的丟棄率是沒辦法的。如果不能維持在剩餘的狀態，顧客就不會來店裡消費。

這樣便當會更加賣不出去，不能不減少進貨量，造成惡性循環。

就像餐廳的座位有限，單桌迴轉率有限制。

餐廳的營收無法永無止盡地增加，單日最高營收是有上限的。相同地，想要提高鐵博的營收，只能多賣便當。

鐵博是從二〇一〇年七月改由大宮營業所管轄，而鐵博的門市每天都處於缺貨狀態，這讓我相當擔憂。

再過一個月，就是忙碌的盂蘭盆節。我很擔心「如果到了忙碌期，還是現在這樣空蕩蕩的狀態，就完了。」

大膽進貨，創下史上第三名的銷售佳績

有一天，我沒有告訴熊谷經理，就直接加訂三百個便當。我下訂後才跟熊谷經理說：「你可以把沒賣完的便當送到大宮車站，進貨量要多一點。」

但熊谷的進貨方式依然沒有改變，於是隔天我又加訂三百個便當。我再次鼓勵他：「如果在熱賣時期進兩千個便當，賣剩一百個，大宮車站可以幫忙多賣掉五十個！至於剩下的五十個便當，就由我來負責，所以**你的進貨量可以盡量多一點啊！但平時的進貨量就保守一點，數量不夠，再去大宮拿。你可以照自己的想法來調整進貨量！**」

於是，鐵博的便當營收，從八月中旬開始快速成長。

熊谷經理經過一段測試時間，他知道**大約有三成的鐵博遊客會購買鐵路便當**。

如果來館人數**是三千人，應該能賣掉九百個便當**。

了解這些數據後，他將沒賣完的便當送到大宮車站，熊谷經理逐漸培養自信。

二〇一一年五月四日，黃金周連休的大節日，**熊谷經理依據自己的判斷，進貨三千四百個便當，結果達成史上排名第三（三百四十萬日圓）**的銷售佳績。

這件事讓我覺得很意外。

「你真的進了很多便當，真了不起。」我稱讚他。

我說：**「進貨量的預測失準，沒有關係，但少了膽識可不行。」**

熊谷經理笑著點了點頭。

No. 23

打鐵趁熱，新商品要在當天立刻命名。利用工作場所隱藏的點子，發揮想像力！

「利用工作現場，想出最棒的商品名稱」

您知道「おしょうしな」這個詞彙嗎？

山形新幹線開業二十週年紀念便當「御賞詞名幕之內（おしょうしな幕の內）」的「おしょうしな」是山形縣的方言，「謝謝」的意思。

商品名稱是影響便當營收的一項重點。

藉由方言的使用，我們可以讓便當展現地方特色。對未曾聽說過「おしょうしな」這個詞彙的顧客，我們說明「『おしょうしな』是山形縣的方言，表示『謝謝』的意思。」

像這樣有話題聊，比較容易推銷。

開發鐵路便當商品，口味與外觀固然重要，對命名也要有所講究。商品名稱最好**能成為銷售話題**。

不過，我並不會花費超過三十分鐘的時間來命名。**我會在完成便當製作的開發**

現場就定好名稱。

有些人會以「今天沒時間」為理由，拖延工作。「沒時間」是藉口，是當事者不想做而已。

「若不在當天完成，就想不出什麼好點子。」能這麼想，就沒有什麼是做不到的。

如果耗費一番努力，想出個好名稱，還另當別論。但把命名工作從開發現場帶回家想，也絕對不會有什麼好點子。

商品名稱一定要當場決定。

好點子就在你身邊

前面提過，當初開發「福之島—大人幕之內」便當，曾為名稱而煩惱。

福豆屋的意見是「福之島幕之內」，但是這個名稱念起來不但不順口，總覺得少了點力量。

想了三十分鐘，我仍想不出什麼好點子。

當我陷入瓶頸時，我會觀察週遭環境。

在催生鐵路便當的開發現場，一定會有好點子隱藏其中。

我看到的是福豆屋的家紋。

我立刻認為**可以把那個家紋用來包裝。**

接下來我注意到，放在桌上的《大人最想去的鐵道地圖集》情報誌。

我們開發的幕之內便當，正是以享受「大人的列車旅行」為目標客群。

我腦中浮現**「大人幕之內」**。

「大人幕之內」便當，是對於講究吃的顧客所開發的，這些人無法滿足於一般的幕之內便當。

我們的幕之內便當，是要向懂得吃的成年顧客推銷，所以沒有比「大人幕之內」更合適的名稱。

我覺得「我想到一個好名字呢！」而忍不住高興起來。

當然不是每一次都這麼順利。過去也曾有商品讓我覺得「名字取得不好」。

就算覺得名字不好，還是可以重新思考，想出一個更好的名稱，再修改。

不要害怕失敗。即使再困難，也要**在當天完成**。

第5章

和員工一起成長

No.
24

錄用優秀工讀生，在工作上有良好表現。比長期打工族，對門市更有幫助

微笑待客，會在各行各業大展身手

「待客為所有工作的基礎」是我的理論之一。

我會跟擔任工讀生的學生這麼說：

「待客是所有工作的基礎，能做到微笑待客，什麼工作都能勝任。你在這裡打工有薪水拿，又能磨練待客技巧，所以是個很好的工作，你要加油喔！」

當然，沒有任何學生是從一開始就會的。

一直在考試唸書，好不容易進入大學想打工的學生，就讀知名大學，大多從未賺過錢，或從未有過服務業的經驗。

看到這樣的學生，有人認為「這種孩子做不了這個工作」，這是錯誤的看法。

我們有一位就讀於早稻田大學法學院的工讀生，她剛開始打工時，連「歡迎光臨」都說不出口。

在指導她的過程，教她學會在店裡巡視，結果她工作做得比誰都好。

不只有她這樣。

現在的學生都很坦率，所以**認真指導，他們一定能在工作上有良好的表現。**

工讀生會逐漸培養出不服輸的精神，變得更加可靠。因為他們已經成長為**「坦率、不服輸的孩子」**值得信賴。

待客有道的工讀生，獲得一流企業聘用

工讀的學生，我會慢慢訓練，不會催促他們。

有一天，我細心呵護的學生們，鼓起勇氣向顧客推薦便當，成功地讓顧客掏出錢來買，這時候我都會不由得激動起來。

「太好了！你把便當賣出去了！」我和他們一樣興奮。

但工讀生有一天也會「畢業」。

這些學生經過苦心栽培，終於能在工作上有良好的表現。有朝一日他們離巢獨立，我都會想「真希望他們還能再多工作一陣子。」

學生踏入社會，是一件值得高興的事。

尤其聽到學生進入自己想要的公司，我會覺得，我那麼認真教他們，真是太好了。這些孩子不管到哪裡上班都不會有問題。

前陣子，即將到外商保險公司上班的工讀生稻垣葵說：「我會把所長教過我的，全部活用在工作上。」聽到她這麼說，我很高興。

至今看過這麼多的學生，得到的結論是，**待客是一切的基礎**。待客有道的學生，能進入一流公司工作。

為何要僱用已找到工作的學生？

能進入一流企業就職的學生，都是待客有道之人。即使他們沒有相關的工讀經驗，也能很快掌握工作內容。

就算已經找到工作，只能在我們這裡打工半年左右的學生，我也會毫不猶豫地錄用。

當然有些員工會反對，她們說：「所長，他只能在這裡工作半年，怎麼還錄用呢？你是在白費工夫。」僱用兼職人員、工讀生會花費一筆開銷，所以一般人會優先錄用能工作比較久的人。

相較於只能打工兩、三年的學生，更想僱用已經畢業的打工族。所以只能工作幾個月的學生，當然沒人想錄用。

如今是工作難找的年代，能找到工作的學生，都具備一定程度的能力。我曾經遇過一位已獲ＪＲ東日本聘用的學生來打工，她在工作上學得很快，非常優秀。

與其僱用工作表現不佳的打工族，倒不如**僱用已找到工作的優秀學生，即使只打工半年，對門市也會有幫助**。

「她已經找到工作，沒辦法在這裡打工很久。」以這個理由，錯失優秀的人才，我認為是一件很可惜的事。

No.
25

讓資深員工發揮影響力！新進員工的成長，來自前輩的指導。

讓員工體驗「顧客選購自己所推薦的便當」

曾經有一位新來的工讀生，在銷售報告中這麼寫：

「我向一位五十多歲的女性推薦○○便當，她就買了，我好高興。」

有這類經驗，工讀生會更積極地與顧客攀談，向顧客推銷便當，**立即具備銷售戰力**。

如何才能讓什麼都不懂的新人，體驗「顧客選購我所推薦的便當」這樣的經驗呢？

重點在於，**資深員工要和顏悅色地指導新進人員**。

身為前輩的門市人員，應該要鼓勵新人：

「顧客選購你推薦的便當，會很開心喔！要不要試試看？」

我開始擔任大宮營業所長，有幾位新來的兼職人員、工讀生，在上班兩、三天後辭掉工作。

我不懂她們為什麼會這麼快就辭職，於是到門市去察看，發現新進人員都站在收銀台旁邊看前輩做事。

「為什麼不讓她們做呢？」

我這麼一問，身為前輩的員工說：「因為剛開始要邊看邊學。」

「所以她們才會辭職啊！」

如果什麼工作都不讓兼職人員和工讀生做，一整天呆呆地站著，相信她們都會覺得「這家店不需要我。」「這裡沒有我的容身之處。」而想要辭職吧！

工作並不是看了就能學會，而是要做過才能學會。

店裡人潮眾多、忙碌不已的時候，由前輩來處理會比較順利，但是若店內顧客不多，就算交給新人負責也沒有問題。

看到工作人員胸前別上「新進人員」的牌子，就算手忙腳亂，顧客大多都能體諒。

甚至還有許多客人會跟店員說：「加油！」

新進員工的成長，來自前輩的關照

新人成長的過程，重要的是**前輩的關照**。

越有能力的資深員工，越會認為「所長！不管什麼都是一開始最重要，所以不能讓新人太輕鬆，要嚴格指導。」但我總會拜託她們「要對新人溫柔一點。」

我常會想起自己第一天上班的情形。

有經驗的店員馬上就能算出便當的總價，但是對新進員工的我來說，卻得用計算機。

原本平時能輕鬆算出的數字，因為「不能讓顧客等候」我變得很著急，沒辦法用心算來算出答案。

但前輩對我卻非常溫柔地指導。

當我猶豫是否該上前招呼客人，前輩會鼓勵我，「下一位客人交給你好嗎？」我差點做錯，她會適時幫我一下。

因為遇到這麼好的前輩，我才能上班三、四天就熟悉工作內容。

後來工作熟悉了，我還能跟顧客或其他員工閒聊，販賣商品這件事漸漸變得有趣，我嘗試了許多自己能力所及的事。

部分有能力的資深員工會覺得「我是為了新人著想，才會嚴格指導，主管為什麼不認同？」還有些人認為「栽培後進是我的工作，我不希望主管來干涉。」而心生不平。

我還是再三提醒她們**「一定要和顏悅色，絕不能發怒。」**

還跟她們說：

「新進人員一開始無法做到微笑待客，是理所當然的。他們沒辦法立刻像你做得這麼優秀！**所以你對新人所做的每一件事，都要和顏悅色的讚美**。就算他們沒把事情做好，也不能生氣。」

資深員工聽到這些話，並不會馬上改變。

因為她們有能力，所以會比較自負，需要時間才能有所改變。

就算是這樣，我還是繼續勸說，這些資深員工逐漸察覺**「和顏悅色」**的重要性。

對這些有能力的資深員工，她們的做法或努力，主管不要加以否定，**而要持續**

傳達「我知道你一直都很努力。」

員工知道主管都有在注意，就不會產生「為什麼我這麼努力，主管卻不認同我。」「明明主管就什麼都不知道還敢說！」這樣的心態，要坦率地與主管溝通。

有能力的資深員工，給予新人溫柔的指導，**讓新人體驗到「顧客選購自己所推薦的便當」**。

新人就能很快融入工作，使便當的銷路變好。

這樣一來，主管不必天天到門市巡邏。

即使沒有主管在背後叮嚀，員工也能優秀成長。

No.
26

打破資深員工才能訓練新人的迷思！
用新進人員擔任指導者，提高工讀生留職率。

用新進人員擔任指導者的角色

讓打工兩個月的新進員工，去指導第一天上班新人，是提高工讀生留職率採取的做法。

原本以前都是由資深員工擔任工讀生指導員，但是從二〇一〇年夏天開始，改由到職一、兩個月的員工負責教育新人。

與資深員工相較，新進員工的知識與技術都還不足，因此有些資深員工會擔心「交給她們沒問題嗎？」

我這麼做是因為，教人必須自己先充分了解工作內容，新進員工才會有「我要做好」的自覺。

對新進員工來說，指導別人是最好的學習。

進入職場才一、兩個月，新進員工尚未受到不好的職場風氣影響，在工作上很坦率，還沒忘記自己在第一天上班時擔心「我真的能在這裡好好表現嗎？」的緊張感。

所以才能對新人進行和顏悅色的指導。

她們與資深員工最大不同是，不會說嚴苛或者惹人厭的話。

已熟悉工作的員工，有些人已經忘了自己剛開始工作時的不安。她們絕口不提自己當初也是什麼都不會，還自以為是地對新人說：「你連這種事都不知道嗎？」或「你連那種事都不會嗎？」。

我從前在上野兼差的時候，也曾遇過這樣的資深員工。新人面對初次經手的工作，不知所措，那位資深員工卻說：「你連這種事都不知道嗎？」這種討人厭的話。

雖然不知道她是不是故意這麼說，但聽到這樣的話，新人一定很難過。

聽到這樣的話，就不可能愉快地工作。

如果我還是兼職人員，我會站出來對壞心眼的資深員工說：

「你為什麼這麼說？你剛來的時候比她更差。因為你什麼都不會，我拼命教你。跟當時的你比起來，我覺得今天她的表現還比較好。」

但我當上所長後，就不能說話這麼直接。

「切磋琢磨」一舉兩得

對於新人的訓練，我想到的是，讓來一、兩個月的員工擔任新來的工讀生指導員。

每個人的個性都不同，有些人不適合擔任指導員。有些人個性雖好，卻因一開始就表現太好，所以無法理解新人會在什麼地方遭遇困難。有些人會非常故意，說話方式很苛薄，像這樣的人不適合擔任指導員。

我會在剛來一、兩個月的員工當中，挑出三位適合擔任指導員的工作，讓她們各自負責兩位新人。

我們門市每次招募的兼職人員、工讀生大約是四～五人，所以三位指導員人選已足夠。

嘗試非常成功，**提高工讀生的留職率**，幾乎不再出現只做一、兩天就辭職的狀況。

我們招募新人時，會發出招募訊息、面試，還要帶領新人熟悉環境，這些都要花時間與成本，所以一旦僱用兼職人員和工讀生，都希望新人能長期留任。

這麼做，負責指導新人的前輩，會跟著快速成長。

曾經有一位文靜的新進員工，讓人擔心「能不能待得下去」，但透過擔任指導員快速地成長。

指導員可以從指導新人的過程中，得到「逆向學習」。

新人與前輩相互切磋琢磨，共同成長。

我在門市看到她們工作時的幹練模樣，就會覺得我的主意真是一舉兩得。

No.
27

工作要投注熱情，別濫施同情！

放手讓現場員工直接面試兼職人員、工讀生

面試與錄用兼職人員、工讀生是一件很重要的工作，主管必須具備識人之明。若是未能在短短數十分鐘的面試中，看穿對方的本質，而錄用一個不適任者，可能會把組織搞得一團糟。

我曾在用人方面遭遇慘痛的經驗。因為熟人的介紹，我錄用某位兼職人員，結果卻被她提告，演變成勞資糾紛。我從這件事學到，在工作上**「要投注熱情，但別濫施同情」**是一個不變的原則。

工作「要投注熱情，別濫施同情！」是我的信念，卻因為熟人的請託，濫施「同情」。

導致我用錯人，還被提告。這件事讓我重新體認到，在工作上可以投注熱情，但絕對不可濫施同情。

為了避免員工犯下和我相同的錯，我希望能培養門市員工的識人眼光，所以決定把面試與錄取員工等工作，都交給現場員工負責。

而且，並不是交給特定員工負責，我是讓所有正職員工都有機會去面試與錄用新人。

像是我們合作的鐵博與「結緣」御飯糰專賣店，員工的僱用事宜，完全交由經理和店長負責，我一概不涉入。

因為現場員工最了解要僱用什麼樣的人到店裡工作，我沒有必要出面干涉。

鐵博招募到許多好員工。

鐵博裡面還設有餐廳，餐廳不同於門市，需要員工的團隊合作，她們所受的教育訓練與一般車站內的門市並無不同。卻發揮出不一樣的戰力，大家都很優秀，在資深員工的指導下，新進人員很快就能進入狀況。

企業最想要的優秀好員工

我認為鐵博可以招募到許多好員工，原因有兩個。

第一個原因是，鐵博的上班時間是家庭主婦的黃金時段。

鐵博的門市營業時間，從上午十點半到下午三點（餐廳到晚上六點），沒有清晨或深夜的上班時段。

這個時段剛好是孩子上學的時間，因此需要帶孩子的主婦也能來工作。這個時段相當受到需要工作的家庭主婦歡迎，所以總能僱用到優秀的兼職人員。

另一個原因是熊谷經理看人眼光的精準。

他絕不輕易錄用員工，會經過嚴格篩選。以前我曾問過他的錄用標準，他回答：

「鐵博裡面有餐廳，工作需要大家同心協力，我最注重的是，新人能不能跟現有人員合得來。我不能隨便錄用一個人。」

他的話讓我很佩服。

當然沒有一開始就可以建立明確的錄用標準，在用人方面做到萬無一失。我曾很有信心錄用某個人，對方卻只撐一天就離職，或者與其他員工發生爭執等。我在用人方面也遭遇過多次挫敗。

所以我才**把面試交給員工自己負責，培養他們看人的眼光**。害怕失敗，是無法培養識人能力的。

求職的重點不再能力，而是實力！

我在面試的時候，喜歡讓求職者說話。

如果在二十分鐘的面試時間，有十八分鐘都是面試官在說話，那麼求職者說話的時間只有兩分鐘，無法了解求職者的人品與個性。

面試是聽對方說話的機會，不是主管說話的時機。

在面試的時候，有時會看到主管對公司說明，但其實向求職者介紹公司的所在位置或業務內容，並沒什麼幫助。

關於工作內容的說明是必要的，除此之外，應該要多聽求職者說話。

我負責面試的時候，如果求職者是學生，我會問：「你在學校參加什麼社團活動呢？」「有幾個好朋友？」「假日都做些什麼？」或是「以後想做什麼工作呢？」

我不希望是氣氛緊張的面試，而希望能與求職者**輕鬆聊天**。

我不想透過面試了解對方的能力高低，或者打算錄用有能力的人。相較之下，我想錄用的是，**有自己興趣或喜好的人，擅於交際、有許多朋友的人，以及生活過得快樂充實的人**。

如果對方換過很多次工作，我一定會問辭掉上一個工作的理由。因為工作沒多久就辭職，會造成我們的困擾。

No.

28

不為尚未發生的事擔憂，樂觀生活、樂在工作，人生只有一次。

地震前八個月在岩手縣大槌町聽到的這句話——「不要同情活著的人。」

在東日本大地震發生前八個月，二〇一〇年七月，我曾有機會到岩手縣大槌町去演講。

到大槌町，要從大宮車站搭乘東北新幹線，抵達新花卷車站，轉乘在來線。如果要當天來回，只能停留兩個小時又五十分的時間。若未能趕上當天下午四點五十分開往新花卷的電車，就沒辦法當天回到大宮。

大槌町工商會問我：「下午兩點到達大槌町演講，然後搭四點五十分的班次回去，這樣好嗎？」但我認為好不容易出門一趟，如果演講完馬上回家，豈不是很無趣嗎？

我調查發現，大槌町這個地方有美麗的大海，還是小說家井上廈先生的小說《吉里吉里人》的故事背景，吉里吉里地區的所在地。《葫蘆島歷險記》的取材地點，一座名為蓬萊島的無人島也在這裡。

「既然這個地方這麼棒，我想要藉這個機會遊覽一番。」

我決定要在那裡住一晚，工商會很高興我的決定。

有兩個導遊帶我遊覽大槌町，第二天他們還在釜石車站等候我，帶我參觀釜石。感謝工商會，我渡過兩天愉快的時光。

住宿當晚，我去壽司店用餐，在那裡喝到海膽酒（實在很好喝）。

旅館附有早餐。住宿費用是七千一百日圓，這麼合理的價格，一大早竟能吃到滿滿一整碗的海膽！我很喜歡大槌町，「明年夏天我要和大家一起來大槌町喝海膽酒！」

有時我在早上會打開電視看，當時正在播放的節目是我平常不會收看的ＮＨＫ晨間連續劇《鬼太郎之妻》。我看到其中一個角色對著扮演水木茂先生的演員，向井理抱怨。

當時向井先生所說的話，讓我印象深刻。

「**我不會同情活著的人**。每個人都有很多想做的事，卻在戰爭中死去，再也沒有機會做任何事。所以我不會同情活著的人。」

我心想，的確如此。

「雖然職場上有討人厭的主管，也有很多麻煩事，但是**只要活著就是幸福啊！這樣還有什麼不滿呢？**」

在大槌町的美好回憶，以及這麼棒的一句話，都在我的腦海中留下不可磨滅的印象。

不為尚未發生的事擔憂

大槌町在隔年春天，因為東日本大地震受到損害，我心中產生一個特別的想法。我覺得，當初在大槌町領悟的那句話「只要活著就是幸福。」是一個啟示。

近來，社會總是動盪不安。

如果政府調升稅收，該怎麼辦？經濟今後會如何變化？我們的退休生活會怎麼樣？擔憂總是沒完沒了。

但是，**我們為何要對尚未發生的事感到擔憂呢**？

未來會怎麼樣，誰也無法知道。

我們能做的是，把每一件該做的事做好。何必為尚未發生的事情擔憂，自尋煩惱。

擔憂因人而異。面對同樣的問題，有的人會想「為什麼我要這麼擔心。」有的人則是認為「這件事讓我學到了很多。」

能轉換心態，快樂過生活，沒有什麼好煩惱的。莎士比亞說過：**「其實世事並無好壞之分，全看我們怎麼去想。」**我認為正是如此。

「死亡臨頭，欣然接受」

我聽到自己罹患癌症，決定做好「撐一年」的覺悟。

我對大腸癌並沒有什麼基本認知，醫師只告訴我，腫瘤相當於雞蛋大小，並不樂觀。

入院四天，我做了八項檢查，結果顯示，現階段並無其他器官轉移，似乎看得見一點希望。

我在二〇一二年十月三十日，接受四個半小時的手術，切除十五公分的大腸與四個淋巴結。腫瘤的尺寸小於預期，大約是兩公分左右。

「已轉移到淋巴結。」

主刀醫師還跟我的家人說：「癌症分期是3A期。」

住院期間，我在報紙上讀到良寬和尚（日本史上的名僧）所說的話。

「災難到來，隨遇而安，死亡臨頭，欣然接受。」這句話。

意思是「遭遇災難是無可奈何的，要放下，遭遇死亡亦是無可奈何，要接受。」乍看是很冷漠的說法。

良寬和尚的意思是：「釐清事實真相，正面積極思考未來。」

人生中充滿許多災難與考驗。

遭遇災難時，我們越逃避現實，越沒有能力去改變。良寬和尚教導我們，即使身處災難，**也要面對現實，做好自己該做的事**，這是克服困境的不二法門。

這句話讓我深有同感。

我認為**「能夠心有同感，真是太好了。」**

對我來說，這段住院生活是久違的休息時間，也是**回顧自己從兼差以來，全心投入工作十五年的一個好機會**。

如果我還是十五年前那個滿口怨言的家庭主婦，聽到罹患癌症，一定是終日以淚洗面吧！

開始工作後，我到上野販賣鐵路便當，到大宮擔任所長，工作得很愉快。我想**正是因為自己每一天都過得毫無遺憾，才能理解「放下」的心境**。

剛開始工作時，並不是所有的事都能樂在其中。

在兼職人員時期，我不太會為他人設想，也不會去考量其他門市的狀況，只顧自己。

擔任所長以後，有過一段艱苦時期。

辛苦歸辛苦，但轉換為工作樂趣，才能與身邊的人愉快相處。

最後我終於拿出工作成果，樂在工作，與員工和顧客打成一片。

因為自己有過這些經驗，所以**就算也許只剩一年可活，也要好好珍惜這段時光**。

不過主治醫師說，術後兩週的病理檢查，結果顯示癌細胞並未轉移至淋巴結。

聽到這樣的結果，我和家人都不太敢相信，經過治療，癌症分期往下調降，目前已經不需要服用抗癌藥物。

我的覺悟是什麼呢？心中百感交集。

冷靜接受事實，**「反省但不後悔。樂觀進取。不是因為愉快而笑，而是因為笑才變得愉快。」這就是我的信念，或許是這些信念，提高身體的免疫力。**

在《安妮日記》這本書中，有一句話說：「從心裡笑出來，比吃十顆藥還要有效。」

笑可以提高免疫力，改善病況。

飽受納粹迫害，得到惡性傳染病的少女安妮，卻告訴我們，笑的神奇功效，實在令人感歎。

樂在工作——人生不留遺憾

以前上野營業分店有一個很好的員工。

他很體貼，總是能替周遭的人設想，讓人感到佩服。

當時有個前輩很喜歡這位員工。

前輩在四十九歲時過世。後來，我總是會想「如果前輩還在，現在會怎麼樣呢？」

後來，那位很好的員工，在四十九歲時曾表示：「我已經四十九歲，以後應該怎麼過生活呢？」

不久他罹患大腸癌，也在四十九歲時過世。

對於這樣的巧合，我感到驚訝，同時也不禁想：「那麼好的人，為什麼會這麼早就過世呢？」心中五味雜陳。

沒有人知道自己會在何時、何地死去。

我是這麼想的。

「每天愁眉苦臉，擔心未來，或許明天就死了。既然如此，倒不如**告訴自己，什麼時候死都無所謂，樂觀開朗地過日子最重要**。」

既然來這世上走一遭，不能快樂地活在當下，太可惜了。

對已經發生的事抱怨不已，對尚未發生的事感到擔憂，日復一日，就這樣過完單調枯燥的人生。

人生只有一次，所以更顯得珍貴。

每天以樂觀開朗、正面積極的態度，讓自己樂在工作、快樂生活，這樣人生才不會有遺憾。

後記

癌症病癒後，我辭去大宮營業所長一職。目前只負責對上野營業分店所管轄的上野車站、大宮車站，以及鐵道博物館等處的門市，提供業務指導。

我回到上野營業分店的工作，是從整理辦公室開始。

桌面雜亂，我的腦袋就無法靈活運轉，工作也無法順利進行。

一開始，桌面和書架上堆滿許多舊資料，檔案夾背面標籤沒有任何標籤，聘僱契約書未依照人名排列。

前任員工所留下的資料不能丟棄，於是越積越多。

我甚至還在打掃時，在抽屜找到自己七年前所製作的POP海報，以及用來固定海報的磁鐵。

我想，這個抽屜的狀態到底維持多少年？忍不住笑了出來。

這種整理方式，想要找到需要的資料是很困難的。

我清掉了大約十個垃圾袋的文件，讓空間騰出來。

接著我彙整資料，讓大家知道文件擺放的位置。

我決定業務日報表放到什麼地方，帳單的擺放位置等等。

我希望能打造一間整潔又能提升效率的辦公室。

上野車站有許多門市。我發現兼職人員都不喜歡去其中一間門市，於是決定要找出原因。

我一開始以為問題出在人際關係，多次與員工閒聊，有位兼職人員小小聲地說：「誰都不想去那兒，因為夏天很熱，冬天又冷得不得了。」

我緊握住她的手說：「謝謝你！原來是這樣！我怎麼沒想到呢！」

這間門市的編制是兩個人，一人駐守在店裡，另一人則是負責店外。

夏天待在店外很熱，冬天又很冷，但每個人所負責的區域是固定的，不能不做。

我心想，這樣不行，於是改成每小時交換一次店內外負責區域。

後來這家門市的營運變得比較順利。

目前週六、週日，我大多會在鐵博的門市。

我會親自販賣便當，給予現場員工銷售建議。

每逢週六、週日，顧客大排長龍，是將「快速販賣」技巧傳授給員工的好機會。以兩人一組進行販賣，看見顧客在挑選便當，就會有「空閒的時間」門市往往一轉眼就會出現排隊人潮，我會先向顧客收取現金，然後將顧客交給其他員工負責，再去詢問下一位顧客要購買什麼。

我親身做給兼職人員、工讀生看，笑著說：**「很有趣吧！接下來換你做做看囉！」**

有一天，便當沒有賣完，我向熊谷經理發牢騷。

「銷售狀況不如預期，要把銷售重點放在鐵博限定商品，還有以小朋友為主的商品啊！這些事為什麼不教其他人呢？」

熊谷經理笑著說：

「這是銷售顧問的工作吧！」

我很高興看見熊谷的成長。

在「旨囲門鐵路便當」門市服務四年的工讀生稻垣葵小姐，今年春季獲得她所希望的公司聘用。她寄給我一封讓人備感欣慰的信件。

「有一句話讓我至今難以忘懷。在我犯錯的時候，您告訴我：『如果是為了你，要我鞠躬道歉多少次都可以。』那時我的欣喜之情比歉意還要來得強烈，真的非常感激。我因此產生自信。您當時的那句話給了我力量，我會把它珍藏在心中。」

我在閱讀這封信的時候，心中充滿了難以言喻的感動。我不禁想，能夠擔任所長真是太好了，我的眼中充滿了淚水。

她的信對我來說很珍貴。

我希望藉由此書，向大家傳達，**樂在工作的重要性**。

或許有些人認為「工作哪有快樂的，不都是為了賺錢，迫於無奈才去做的啊！」

工作的確並非都是愉快的事。

我的座右銘是「樂在工作。」但有時我也會想「怎麼都是討厭的事啊！」

即使如此，我還是認為「工作要快樂」。

因為**專業人士，是享受自己工作的人**。

由於能全心投入有趣的事，不會覺得自己「在工作上很努力」。

因為沒感覺到自己在努力，即使遭遇挫敗，也不會出現「我那麼努力卻⋯⋯」的負面情緒，情緒也不會灰心喪氣。

想著「好！下次我一定要成功。」而更投入工作。

這樣的人不會因挫敗而陷入沮喪，或是忙著羨慕別人，反倒會因為想要快樂地工作，而不斷進行挑戰。

就算遭遇挫敗或輸給別人，也不灰心，即使是一件小事，以自己的方式持續挑戰，有朝一日，機會一定來臨。

成功的那一瞬間終會到來。

成就感會使工作變得更有樂趣。

對工作更有熱情，會去挑戰更多、更大的規模。

雖然並非企圖去努力，也沒有任何勉強，卻能漸漸進步。

樂在工作是無敵的。

但想要立刻樂在工作，很困難。

如果「樂在工作」，就算遇到什麼討厭的事，也能轉換心態。

轉換心態，無論處境多麼艱難，都能擺脫負面情緒，正面思考。

心情自然會輕鬆，工作也自然會順利。

工作似乎真的變有趣了。

如果只在乎薪水，就沒有必要樂在工作。

可是，人生只有一次。如果每天上班都覺得「怎麼都是討厭的事呢？」還不如每天愉快、認真地工作、生活。

樂在工作，微笑度過每一天。

笑容不僅能讓自己的人生更豐富，也能為家人、同事，以及顧客帶來幸福。

我們曾在其他車站舉辦鐵路便當相關活動，當時有好幾位看過ＮＨＫ節目的顧客與我交談。

「沒想到會在這兒遇見三浦女士。你怎麼會在這裡呢？」

我笑著說：

「是的！不管任何地方，只要有賣鐵路便當，我就會出現喔！」

感謝您閱讀此書。
願幸福快樂常伴您左右！

三浦由紀江

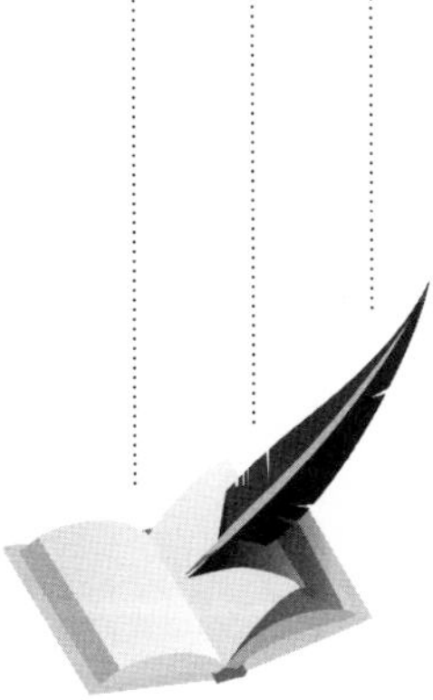

Note

國家圖書館出版品預行編目資料

不景氣拼志氣!小資4年晉升10億店長：28個服務業必備的銷售祕技,快樂工作,業績自動提升 / 三浦由紀江作；殷婕芳譯. -- 初版. -- 新北市：智富, 2014.10
面；　公分. --（風向; 79）

ISBN 978-986-6151-68-2（平裝）

1.商店管理 2.銷售管理

498　　103013510

風向 79

不景氣拼志氣！小資4年晉升10億店長：
28個服務業必備的銷售祕技，快樂工作，業績自動提升

作　　者／三浦由紀江
譯　　者／殷婕芳
主　　編／陳文君
責任編輯／張瑋之
封面設計／鄧宜琨
出 版 者／智富出版有限公司
發 行 人／簡玉珊
地　　址／（231）新北市新店區民生路19號5樓
電　　話／（02）2218-3277
傳　　真／（02）2218-3239（訂書專線）、（02）2218-7539
劃撥帳號／19816716
戶　　名／智富出版有限公司　單次郵購總金額未滿500元（含），請加50元掛號費
世茂網站／www.coolbooks.com.tw
排版製版／辰皓國際出版製作有限公司
印　　刷／世和印製企業有限公司
初版一刷／2014年10月
ＩＳＢＮ／978-986-6151-68-2
定　　價／260元

黏貼處

世茂好書・豐富心靈
世潮精典・智慧同行

電話：(02) 22183277
傳真：(02) 22187539

廣告回函
北區郵政管理局登記證
北台字第 9 7 0 2 號
免貼郵票

231新北市新店區民生路19號5樓

世茂
世潮 出版有限公司 收
智富

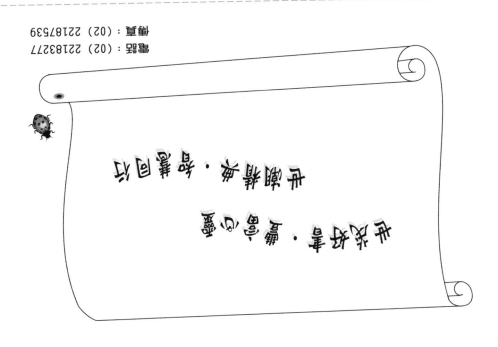

黏貼處

請沿虛線剪下裝訂寄回，謝謝！

讀者回函卡

感謝您購買本書，為了提供您更好的服務，歡迎填妥以下資料並寄回，我們將定期寄給您最新書訊、優惠通知及活動消息。當然您也可以E-mail：Service@coolbooks.com.tw，提供我們寶貴的建議。

您的資料（請以正楷填寫清楚）

購買書名：________________

姓名：__________ 生日：______年____月____日

性別：□男 □女 E-mail：__________

住址：□□□______縣市________鄉鎮市區________路街
______段______巷______弄______號______樓

聯絡電話：__________

職業：□傳播 □資訊 □商 □工 □軍公教 □學生 □其他：______

學歷：□碩士以上 □大學 □專科 □高中 □國中以下

購買地點：□書店 □網路書店 □便利商店 □量販店 □其他：______

購買此書原因：___ ___ ___ ___ ___ ___（請按優先順序填寫）

1封面設計 2價格 3內容 4親友介紹 5廣告宣傳 6其他：______

本書評價：___ 封面設計 1非常滿意 2滿意 3普通 4應改進
___ 內　容 1非常滿意 2滿意 3普通 4應改進
___ 編　輯 1非常滿意 2滿意 3普通 4應改進
___ 校　對 1非常滿意 2滿意 3普通 4應改進
___ 定　價 1非常滿意 2滿意 3普通 4應改進

給我們的建議：--
